中国科普名家名作

HaoWanDeShuXue

趣味数学专辑·典藏版

中国少年儿童新闻出版总社
中国少年兒童出版社
北 京

图书在版编目（CIP）数据

好玩的数学（典藏版）/ 谈祥柏著 . — 北京 : 中国少年儿童出版社， 2012.1（2024.12 重印）
（中国科普名家名作 · 趣味数学专辑）
ISBN 978-7-5148-0431-7

Ⅰ . ①好… Ⅱ . ①谈… Ⅲ . ①数学—少儿读物 Ⅳ . ① 01—49

中国版本图书馆 CIP 数据核字（2011）第 243309 号

HAOWAN DE SHUXUE（DIANCANGBAN）
（中国科普名家名作 · 趣味数学专辑）

出版发行：中国少年儿童新闻出版总社 中国少年兒童出版社
执行出版人：马兴民
责任出版人：缪 惟

策 划：薛晓哲　　著 者：谈祥柏
责任编辑：许碧娟 常 乐　　责任校对：杨 宏
封面设计：缪 惟　　责任印务：厉 静

社 址：北京市朝阳区建国门外大街丙 12 号　　邮政编码：100022
总 编 室：010-57526070　　发 行 部：010-57526568
官方网址：www.ccppg.cn

印刷：北京市凯鑫彩色印刷有限公司

开本：880mm × 1230mm 1/32　　印张：10
版次：2012 年 1 月第 1 版　　印次：2024 年12月第34次印刷
字数：133 千字　　印数：386001 – 406000册

ISBN 978-7-5148-0431-7　　定价：25.00 元

图书出版质量投诉电话：010-57526069　　电子邮箱：cbzlts@ccppg.com.cn

好玩的数学

数学是大花园

目录

目

录

目录

数学是大课堂

好玩的数学

好玩的数学

数学是大花园

借花献佛

古印度有一道数学趣题，说今有莲花若干朵，以它的$\frac{1}{3}$、$\frac{1}{4}$、$\frac{1}{5}$、$\frac{1}{6}$分别供养文殊、普贤、观音、弥勒四位大菩萨之后，还余下6朵。请问：原有莲花多少朵？

本题当然可以利用分数来解，譬如说：

$$6 \div \left(1 - \frac{1}{3} - \frac{1}{4} - \frac{1}{5} - \frac{1}{6}\right) = 120(\text{朵})。$$

不过，古代印度人所用的方法和我们不同，他们喜欢用“假设法”。

不难看出，3、4、5、6的最小公倍数是60，假设原有莲花60朵，那么可以分别算出：

献给文殊菩萨的有$60 \times \frac{1}{3} = 20$(朵)；

献给普贤菩萨的有$60 \times \frac{1}{4} = 15$(朵)；

献给观音菩萨的有 $60\times\frac{1}{5}=12$(朵);

献给弥勒菩萨的有 $60\times\frac{1}{6}=10$(朵)。

而　　$60-(20+15+12+10)=3$(朵)。

但是，实际剩余的是6朵，而不是3朵，所以原有莲花数目应当翻一番，即120朵。

这种“假设法”以乘代除，马上就能产生一个“起跑点”，然后再同实际结果进行比较，以便修正。显然，这种做法是比较符合“假设—实践—修正”这种科学研究三部曲的，值得人们去学习、借鉴。

最后，还有一个小地方要说明一下。上述传说后来有些变动，弥勒菩萨改成了地藏菩萨。因为我国的佛教圣地，几乎人人都知道是四大名山，它们就是:

五台山——文殊菩萨道场;

峨眉山——普贤菩萨道场;

普陀山——观世音菩萨道场;

九华山——地藏菩萨道场。

华盛顿的生日

9是一个具有很多神秘性质的数，它一定隐藏在每个著名人物的生日之中。不信请看下面的例子。

美国第一任大总统华盛顿出生在1732年2月22日，这些数目字按照美国的习惯可写成一个数：2221732（先写日期，其次写月份，最后写年份）。现在把这个七位数中数字的顺序重新排列一下，就可以组成多个不同的数。如果任意取两个这样的数，用较大的数减去较小的数，并把所得的差（如果是十位或十位以上）中的各个数字加起来；若和数仍在十位或十位以上，则再将各位数字相加，直到它们的和为个位数为止。我可以很肯定地告诉你，这个个位数必定是9。

其实，未必限于开国元勋乔治·华盛顿。如果对约翰·肯尼迪或者任何一个著名的男人或女人的生日来作上述计算，最后都可以得到9。那么，为什么著名人物的生日和9总有着神秘的联系呢？说到这里，大家或许还是不大相信那些著名人物的生日经过这样计算之后，最后所得的数字都是9。事实上，这个结论是千真万确的，只不过它不仅适合于名人，而且还适合于每个人。以华盛顿的生日为例来计算一遍：

不妨取这两个数为3222217和2221732，两数之差为

$$3222217-2221732=1000485。$$

把这个七位数的各个数码相加起来，得出$1+4+8+5=18$，再把1和8加起来就得出了9。

用无所不在的9可以玩出很多数学魔术，有兴趣的读者不妨自己去摸索一番。

怎样买门票省钱

老李在某大旅行社任导游。因为他能尽心为游客服务，想方设法帮游客省钱，所以他经常受到游客们的来信表扬。

某地一处古典园林人为地制定了两种购票方法。甲方案是成人门票每张120元，小孩门票每张40元；乙方案是不问大人、小孩，只要是5人以上的团体（包括5人），每人收80元。

今有7个成人，3个小孩，请问：怎样购票才最合算？

老李心想，如果采用甲方案入园游览，7个大人要花840元，3个小孩要花120元，总费用是960元，将近1000元了。价钱这么贵，下次谁愿来？于是他摇了摇头。

如果采用乙方案，不问大人、小孩，全部买团体票，可以算出进门费是$10\times80=800$元。哈哈，一下子就可省掉160元，午餐费不就出来了？

两种方案结合起来使用是不是更好一些呢？让7个大人按照乙方案购票，由于$7>5$，已符合园方自说自话的规定，所以只要付 $7 \times 80 = 560$ 元；至于 3 个小孩呢，就照甲方案购票，要付 $3 \times 40 = 120$ 元。这样一来，只需付出 $560 + 120 = 680$（元）就够了，比刚才还要便宜！

另外，许多地方还规定，离休干部、军人是可以免票入园的，七十岁以上老人与残疾人可以享受八折优惠，这些因素也不能不考虑。

“门票太贵”一直是人代会上的老话题，但一直没有得到很好的解决。饶有兴趣的是，它倒成了数学游戏的活教材。

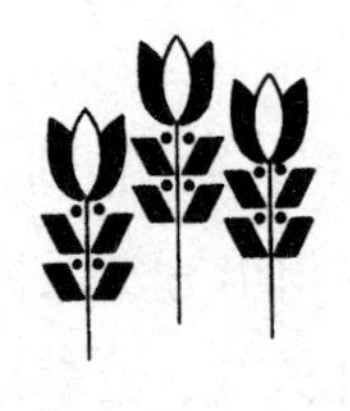

诗人玩的数学游戏

莱蒙托夫是著名的俄罗斯诗人，他曾经当过兵。在部队服役时，他很喜欢同战士们做下列游戏。他叫一位战友随便认定一个数，把它记牢，但不要说出口，换句话说，就是“心照不宣”。

然后，莱蒙托夫要这位战士执行下面一系列运算：把这个数加上70，减去32，再减去所想的数；之后再乘以5，除以2。奇妙的是，莱蒙托夫最后一定可以猜得出最终的答案是多少。

战士们都感到奇怪，莱蒙托夫根本不知道别人当初认定的是什么数，怎么会算出最后的答数呢？其实，只要利用未知数x，就会真相大白，几乎毫无困难。

让我们列出下面的一张对照表：

日常语言	代数语言
随便认定一个数	x
把它加上70	$x+70$
减去32	$x+70-32$
再减去所想的数	$x+70-32-x$
把所得结果乘上5	$5(x+70-32-x)$
除以2	$5\times38\div2=95$

由此可见，x 已在游戏过程中“一笔勾销”。莱蒙托夫虽然不知道别人原先认定了什么数，但它实际上已经不起作用了，结果是“雷打不动”的。

吃“井”字游戏

世界各地的小朋友，都喜欢玩吃“井”字游戏，不过，名字也许不一样。譬如说，在西方国家，它的名字叫做“的达多”游戏（Tic－Tac－Toe）。

为什么把它叫做“吃‘井’字游戏”呢？因为它起源于中国古代，中国古代的周朝实行井田制度，而本游戏的棋盘就非常像一个“井”字。由于中外人民的交往，游戏后来就逐步传播到了世界各国。

本游戏的玩法非常简单，甚至不需要专用的棋盘，临时画一个就可以用。它其实就是一个九宫格，在格子里每次做一个记号，先走的人画圈（○），后走的人画叉（×），别人已经画好的地方不能再画。谁先把他的三个记号连成一条线（横线、竖线或斜线都可以），谁就赢了。

下面就让我们实际来玩一下。请看双方的对局（见下页图）：

2 ×	8 ×	5 ○
3 ○	1 ○	4 ×
6 ×	7 ○	9 ○

结果是不分胜败，打成平局。

可以看出，后走的一方几乎完全是被动的；他忙于招架，哪里起火就往哪里扑救。然而，先走的一方仍然没能取胜。

在这个游戏中，先走的人稍占优势，但后走的人如果走得好，也能做到不输。反之，如果马马虎虎地走，那么先走的人也是要输的。

不要看不起这种小游戏，许多数学大师、博弈论专家正是从这里起步的呢！

小娃娃破密码

在人类文明的进化史上可以看到，世界各大民族，一般总是先有图形，然后逐步演变，发展成数码与文字的。

下面这个游戏适合一、二年级或幼儿园的小朋友玩。图形如下：

$$\begin{array}{r} \triangle\ \triangle\ \square\ 1 \\ +\ *\ 2\ *\ \bigcirc \\ \hline \bigcirc\ 6\ \uparrow\ \uparrow \end{array}$$

上图出现了5种图形，三角形（△），正方形（□），六角星（*），圆（○），以及箭头（↑），代表不同的数目，不准重复，而且也不允许是已经出现的数目1，2，6；所有的加法都“就地解决”，不发生进位的情况。

事实表明，聪明的娃娃是能破译出它来的，可不能低估他们的能力哟！

一位小宝宝说，他一眼就从图形中看出“△”只能等于4，由于不能重复，所以“*”只能有两种可能性：3

或5。

如果“*”代表5的话，此时将出现下面的情况：

$$\begin{array}{r} 4\ 4\ \square\ 1 \\ +\ 5\ 2\ 5\ \bigcirc \\ \hline 9\ 6\ ?\ ? \end{array}$$

此时逼得○=9了。但下面就不好办了，因为末位上将不得不发生进位的情况，违背了题意。

由此可见，“*”只能代表3，此时图形变为：

$$\begin{array}{r} 4\ 4\ \square\ 1 \\ +\ 3\ 2\ 3\ \bigcirc \\ \hline \bigcirc\ 6\ \uparrow\ \uparrow \end{array}$$

再做下去已经不存在任何困难：很明显，“○”代表的是7，↑=8，而整个加法等式便是：

$$\begin{array}{r} 4\ 4\ 5\ 1 \\ +\ 3\ 2\ 3\ 7 \\ \hline 7\ 6\ 8\ 8 \end{array}$$

本游戏选自英国人所用的一本幼儿园课本，改编时把英语句子与说明、解释都删掉了，以适合我国的国情。

老大哥分数

虽然$\frac{7.39}{11.3745}$也可以说是分数，但孩子们在小学里学习的分数，分子和分母一般都是正整数。

有人把分子、分母都是正整数，且分子比分母小 1 的分数叫“老大哥分数”。譬如说，在分母为 9 的真分数中，$\frac{8}{9}$就是老大哥分数。类似地，$\frac{99}{100}$、$\frac{617}{618}$等等，都是老大哥分数。

怎样比较两个老大哥分数的大小呢？办法极其简单：分母较大的分数，分数值必然也较大。例如，我们可以不假思索地写出：

$$\frac{10}{11}>\frac{6}{7},\ \frac{999}{1000}>\frac{99}{100},\ \cdots$$

计算两个老大哥分数的差也有捷径可走，根本不需要通分，只要按照下面的方法去做就行了。这个方法就是：

分母相乘，分子相减。

例如：

$$\frac{9}{10}-\frac{4}{5}=\frac{9-4}{10\times5}=\frac{5}{50}=\frac{1}{10}。$$

如果你不放心，可以用“先通分，再相减”的方法去验证一下：

$$\frac{9}{10}-\frac{4}{5}=\frac{9}{10}-\frac{8}{10}=\frac{1}{10},$$

两种算法所得的结果完全相同。

不管相减的两个老大哥分数的分母是否互质，这种快速计算方法都能适用。我们可以证明，此种算法必然成立，绝非偶然碰巧。

过去，研究几何的人都知道一句名言：“几何学中无捷径。”但是，随着时代的进步，科技的发展，人们对事物认识的深化，这句名言已显得有点不合时宜了。

人们已经发现，在数学上的确存在着大大小小的捷径。我国著名数学家吴文俊先生所研究的“定理的机器证明”，就是几何学本身的一条非常吸引人的快速通道。将来，中等智力的人也能一笔解决几何难题，这也许就是人们津津乐道、拭目以待的“智力放大”吧。

忘年之交

老马和小牛在公园里做体育活动，休息时两人闲聊起来。老马笑着说道：“我们可以说是忘年之交吧，我现在的年纪是你的7倍，过几年后变成6倍了；再过几年，又分别为你年龄的5倍、4倍、3倍和2倍；你将会看到，倍数变得越来越小了。但是，前几年倍数还不止是7，而是更大的倍数。”

小牛听了这番话，不知道该怎么算，只好干瞪眼。你们能帮他一下，解开这个疑团吗？

年龄一般都指正整数。设小牛现年 x 岁，则老马现年是 $7x$ 岁，按照题意可列出以下的式子：

$7x+a=6(x+a)$；

$7x+b=5(x+b)$；

$7x+c=4(x+c)$；

$7x+d=3(x+d)$；

$7x+e=2(x+e)$。

将这组方程整理化简之后，可以得出以下的关系式：

$x = 5a$；

$2x = 4b$；

$3x = 3c$；

$4x = 2d$；

$5x = e$。

很明显，x，a，b，c，d，e 都应该是正整数，要想满足以下条件

$$x = 5a = 2b = c = \frac{d}{2} = \frac{e}{5},$$

最小的 x 是 10。接着，顺藤摸瓜，不费多大力气就能求出

$$a = 2，b = 5，c = 10，d = 20，e = 50。$$

所以小牛现在 10 岁，老马现在 70 岁。

做这个算术游戏题，其实还有更简单、更直截了当的办法——因为老马和小牛的年龄之差是永远不变的。

由于老马现在的岁数为小牛的 7 倍，所以两人年龄之差应是小牛年龄的 6 倍，从而得知，这差数应该是 6 的倍数。

根据题意，过了若干年后，老马的年龄是小牛年龄的 6、5、4、3、2 倍，由此可知，差数当然是 5、4、3、2、1 的倍数了。

这样一想就一下子开了窍：差数理应是 1，2，3，4，

5，6 的公倍数，而最小公倍数为 60。

接下来，当然可以马上算出：小牛现年 10 岁，老马现年 70 岁。

按照世界上现有的生活条件与医学水平，另一个公倍数 120 显然是不现实的。试问：120 岁的老人，还能到公园里做操吗？但是，到了本世纪的下半叶，这个答案就不能忽视了。

不妨再来看看前几年的倍数变化情况：

	老马的岁数	小牛的岁数	倍数
9 年前	61	1	61
8 年前	62	2	31
7 年前	63	3	21
6 年前	64	4	16
5 年前	65	5	13
4 年前	66	6	11

“长子”与“矮子”

有100个身高不一样的人，任意排成一个10×10的方阵；横的叫行，直的叫列。先从每行的10个人中，挑选出这一行里最高的一个人，这样10行先挑出10个“长子”，并从这10个“长子”中选出最矮的一个，把这个人叫“长子里的矮子”；然后让他们各自回到自己原来的位置上去。再从每一列的10个人中，找出这一列里最矮的一个人，10列里便有10个“矮子”；然后，在10个“矮子”中选出最高的一个，把这个人叫做“矮子里的长子”。

现在问你：“矮子里的长子”同“长子里的矮子”相比，究竟谁高？你能判断出来吗？

为了叙述方便起见，让我们把“长子里的矮子”设定为A，“矮子里的长子”设定为B。

由于这100个人高矮不一，排列又是完全任意的，所以A与B在任何位置上都可能出现，但总不外乎以下四种情况：

1. A 与 B 在同一行里。这时，尽管 A 是长子里的矮子，但在同一行里，他总是最高的，所以 A 的身材还是要比 B 的身材高。为了方便起见，让我们简单地记为 $A>B$，以下也用这种记法，不再一一说明。

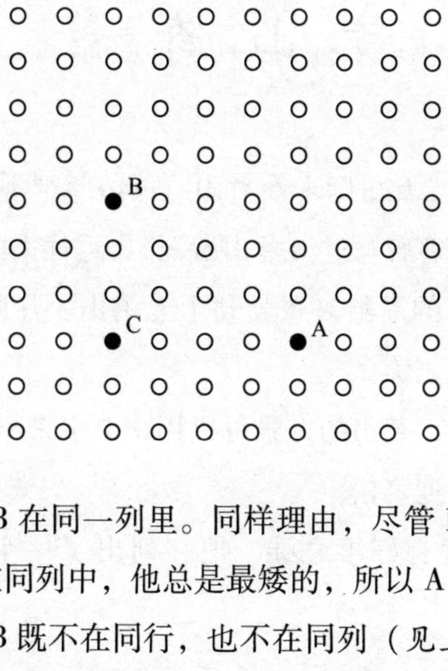

2. A 与 B 在同一列里。同样理由，尽管 B 是矮子里面的长子，但在同列中，他总是最矮的，所以 $A>B$。

3. A 与 B 既不在同行，也不在同列（见上图）。这时，我们总可以找到一个 C，使它既与 A 同在一行，又与 B 同在一列。那么，由于 A 与 C 同行，且 A 是这一行中的长子，所以 $A>C$。类似地可推出 $C>B$，因此又有 $A>B$。

4. A 与 B 正好是同一个人，$A=B$。

从以上的分析可见，除 A 与 B 是同一个人以外，无论何种情况，“长子里的矮子”总比“矮子里的长子”要高。

黄山奇景

有道是："五岳归来不看山，黄山归来不看岳。"明朝大旅行家徐霞客曾写过《黄山游记》，近代大画家刘海粟也曾以九十多岁的高龄兴致勃勃十上黄山。凡此种种，都可想见黄山风光之美。

有人认为，黄山的奇景可以用9个字来概括，那就是：奇峰怪石云海迎客松。

接下来就有好事之徒，把它列出了一个别开生面的算式：

	奇	峰	怪	石	云	海	迎	客	松
+	8	6	4	1	9	7	5	3	2
	松	客	迎	海	云	石	怪	峰	奇

作为旅游广告，倒也很有特色。"（看）松客迎海云，石怪，峰奇"不是也能读之成文吗？

现在要立个规矩：在以上算式中，每个汉字代表一个数字，不同的汉字要表示不同的数字，而且要把1、2、3、

4、5、6、7、8、9统统收括进去，既不重复，也不能遗漏。能做到吗？

让我们从高位做起。一眼就可看出，只能有唯一的解：

奇=1，　　松=9。

接下来看第二位，由于1和9都已经出现过，所以没有其他选择余地，只能是

峰=2，　　客=8。

就这样做下去，“顺藤摸瓜”，很快就可以把式子破译出来，原来它就是：

$$
\begin{array}{r}
1\ 2\ 3\ 4\ 5\ 6\ 7\ 8\ 9 \\
+\ 8\ 6\ 4\ 1\ 9\ 7\ 5\ 3\ 2 \\
\hline
9\ 8\ 7\ 6\ 5\ 4\ 3\ 2\ 1
\end{array}
$$

小孩子做加、减法，老是觉得进位最头痛，一不小心就容易做错。可是，对于这个游戏来说，如果没有进位，也许就编造不出来了。

1 + 1 = 11

近来看了一位法国数学家写给孩子们看的数学读物，深有感触。他说，为了开发智力，几乎每一本趣味数学书都要收入火柴游戏，不收就不像话。但是，火柴是有毒的，不能让幼儿去接触，所以一定要使用其他东西替代。牙签也不合适，它的样子虽像火柴，但头子太尖锐，一不小心就容易伤人。最好是用一次性筷子，把它们截短……这位专家学者反复叮咛，实在令人感动。因此，本书中所提到的各种“火柴”游戏，所使用的道具都不是真正点火用的东西，它们不过是打上“引号”的火柴而已。

开场白已完，现在请做下面的火柴游戏：

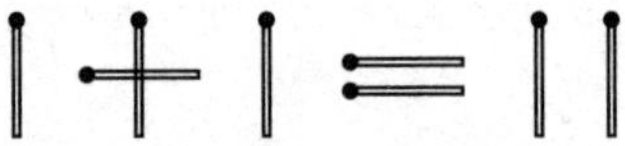

| + | = | |

要求只动一根火柴，使答案变成130，你能做到吗？

别看它是雕虫小技，这道小题目不容易，许多机灵小伙子都在它的手下做了败军之将。

原来它是埋有“伏笔”的！你不想想，直接搭出 130，需要多少根火柴？那是根本不可能的。

这就逼得你去动歪脑筋，也就是时下很流行的所谓“脑筋急转弯”了。

一旦想通了，其实是一点都不难的，只要把搭成等号的两根火柴之一斜放到“+”号之上：

141 - 11

出现了一个算式 141 - 11，差数不正是 130 吗？做这道题目，滋味极浓，难怪有一位外国朋友说，做这题好像老和尚参禅，一旦参透，就豁然开朗、大彻大悟了。

儿童节上玩的火柴游戏

六一儿童节，孩子们都兴高采烈，玩得非常愉快。这一年，班上有人提出，“六一”如果用阿拉伯数字写出来，不就是61吗？从而灵机一动，想出了同61挂钩的4个火柴棒游戏：

（1）56 + 3 = 61

（2）58 - 8 = 61

（3）38 + 37 = 61

（4）39 - 26 = 61

在上面每一道小题中，要求你只能移动一根火柴棒，而使算式成立。右边的答案统统都是61，雷打不动。

每道小题都只允许移动一根火柴棒，这可是有些难度。

不过，通过观察—思考—动手这个三部曲，问题还是顺顺当当地解决了。

答案如下：

（1）把加数3变为5，即得：

$$56+5=61。$$

（2）将“58”个位数8左下方的一根火柴棒移到十位数5的左下方，使5变为6，8变为9，即得

$$69-8=61。$$

（3）窍门是改变运算符号，把加变为减，即

$$98-37=61。$$

（4）关键是改变运算符号，使原来的减号变成加号，即

$$35+26=61。$$

下一子全盘皆活

在一张小方桌的周围用火柴棒搭出了4个等式：

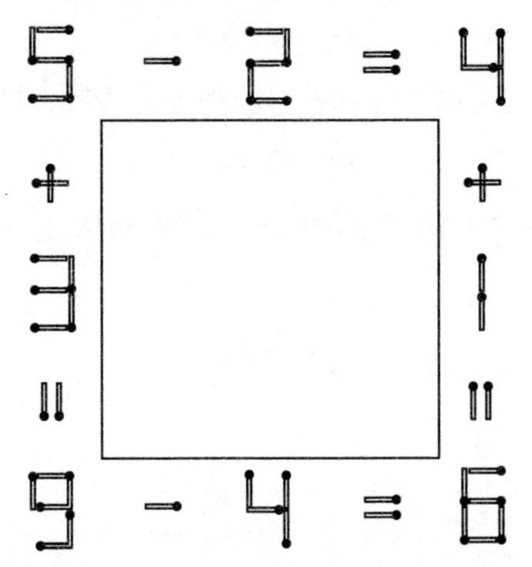

只准许移动一根火柴棒，而要使4个式子全都成为正确的等式。

“一举全成真”，游戏的魅力全在于此，也挺有味。通过观察，作出正确判断：只能动角上的数字，而不能篡改中间的数字。

在右下角搭成 6 的火柴棒中，移走一根到左上角去，使 6 变成 5，5 变成 6。两个数目互换角色，4 个式子就统统都成立了。

这就达到了“下一子而全盘皆活”的境界。

小镜子的妙用

有一天，一位以研究反射变换而闻名世界的德国代数学家在桌面上用几根火柴棒搭出了两个不平凡的“等式”：

125 - 50 = 135

150 + 82 = 502

接着，这位教授笑眯眯地对身旁的青年实验员说：“小伙子，看到这两个式子了吗？它们显然是不成立的。现在要你移动最少根数的火柴棒，使这两个算式变成真正的等式。”

教授走了。实验员干完正事以后，把火柴棒搬来挪去，总是百思不得其解。另外，他还感到平淡无奇的老一套解法，与这位教授素称犀利的思想不大合拍，上述火柴算式中肯定隐藏着什么奥妙。

回到家里，实验员的妻子刚好度假归来，正在对着一面简陋的旅行用小圆镜梳理着蓬乱的头发。突然之间，此种情景触发了那位实验员的“灵机”，他马上从妻子手上抢过镜子，打算通过一个小小的实验来证实自己的推理。

但见他把这面小镜子竖立在桌面上（用稍微严格一点的语言来说，就是使它与桌面成“正交”），且安放在第一个式子的上面。这时，镜子里竟然出现了正确的等式，同日常生活中司空见惯的普通算式完全不谋而合了：

$$120+85=205;$$

$$152-20=132。$$

原来，所谓“移动根数最少”，居然是少到连一根火柴棒都不移动，完全维持原状，而是另辟蹊径，通过镜面反射的对称原理来达到“改错为正”之目的，此种办法确实有点匪夷所思。这位教授正是研究反射变换的权威学者，实验员的解法完全符合了他心中设计的蓝图。

真是“强将手下无弱兵”啊。

解密班主任

任何一本数学游戏书里都少不了逻辑趣题，下面便是很典型的一种类型：

某重点小学要给双语教学班配备一位新的班主任。5个小学生聚在一起，谈论着他们听到的“小道消息”。

学生A说：此人姓陈，女，40岁，宁波人。

学生B说：此人姓程，男，30岁，绍兴人。

学生C说：其人姓成，女，40岁，宁波人。

学生D说：其人姓诚，男，30岁，北京人。

学生E说：班主任姓诚，男，35岁，绍兴人。

后来发现，每个学生都只说对了姓名、性别、年龄、籍贯四项之中的一项。

试问：你能推出这位班主任老师的准确情况吗？

请注意：在籍贯中只有一个是“北京人”，在年龄中只有一个是35岁。如果先确定这两项，那么就可猜出班主任不可能是男的。否则，学生D和学生E便说对了两项或两项以上，与题目意思发生了矛盾。这说明学生 A 和 C 说对的是同一项，即班主任的性别为女。最后剩下学生 B，说对的当然只能是“老师姓程”了。

综上所述，这位班主任的正确信息是：

她姓程，女，35 岁，北京人。

真真假假，时真时假

白骨精变成美女，却被孙悟空识破，拿起金箍棒来打杀，这当然是孙悟空有“火眼金睛”，才能有这等本事。对于一般凡夫俗子来说，只能通过话中套话、逻辑推理等办法来识别真假。有些人一辈子讲真话，也有的人习惯于讲假话，喜欢“掉枪花”，怎样识别他们呢？这类问题在数学游戏或逻辑书里并不少见，只要你留心搜集，可以找到几十则大同小异的故事。

可是，当代数学科普大师马丁·加德纳先生却真的碰上一个非常困难的问题。他喜欢周游世界，又有当过随军记者的经历（第二次世界大战期间）。有一次，到了某国某市，碰到了三个人。别人向他揭露底细：这三个人中，一个是只讲真话的，简直可说“句句是真理”；还有一个人呢，他的座右铭是“不讲假话，成不了大事”，所以，他说的话全是黑白颠倒，指鹿为马；至于第三个人呢，却是一个反复无常之徒，说起话来没有准儿，有时说真话，有时说假话。这三个人彼此之间是相互了解的，可是外来的旅游者对于他们的行径却并不了解。人们知道加德纳先生智力过人，存心想考考他，要求他只能提三个问题，分别去询问这三位仁兄，而且每人的回答都只能是简单得不能再简单的答复：是或非。

试问，在如此苛刻的要求下，能不能鉴别出这三个人究竟是哪路人马?

结果，马丁·加德纳先生不负众望，通过逻辑手段查明了三个人的真相。于是，人人都跷起大拇指，称赞他果然是名不虚传。

为了说明方便起见，不妨假定这三个人为A，B，C，据题意可知，他们的言行，不外乎以下6种情况：

	A	B	C
(1)	真	假	随机
(2)	真	随机	假
(3)	假	随机	真
(4)	假	真	随机
(5)	随机	真	假
(6)	随机	假	真

加德纳先生先问A：“你认为B比C更有可能说真话吗?”如果A回答“是”，那么第（1）种与第（4）种可能性即被排除，从而加德纳先生了解到C不是个反复无常之

徒；如果A回答“不是”，那么根据逻辑推理，第（2）种与第（3）种可能性即被排除，从而使加德纳能肯定B不是个反复无常者。

加德纳根据A对第一个问题的回答，肯定了B或C不是反复无常者之后，即可抓住这个人，向他提出第二个问题：“你是个时而说真话、时而说假话的人吗?”如果他回答说“是”，加德纳先生即可判明这个家伙是个说假话者；如果他答称“不是”，则可判定他是讲真话的人。

此人身份一经判明，加德纳先生就可指着另外两个人中的一个，向他提出第三个问题：“此人是个随心所欲地回答问题，时真时假的人吗?”然后根据其人的回答来判明所指者究竟是不是反复无常者。

两个人的身份判明以后，另外一个人的身份当然不言而喻了。

四橡镇兄弟分家

每个国家都有数字地名，拿我国来说，就有：一平浪、二连、三亚、四平、五原、六安、七宝、八公山、九江、十堰等等。

美国的历史很短，只有二百来年，但数字地名倒也不少，四橡镇就是其中之一。据说四橡镇的得名与一位早期移民有关，此人拥有一大块土地。临终之前，他立下遗嘱，规定要按照四株老橡树的位置划分土地，平分给他的四个儿子；每个儿子所分到的土地当中必须有一棵老橡树，不准将树移植，只能维持现状。若有一棵树死亡，那就将这块土地“充公”。遗嘱条文规定得如此明确而具体，充分体现了美国人强烈的环保意识。

老人家一命呜呼之后，他的儿子们无法用和平协商的办法分割土地，因为四棵橡树的实际位置给他们造成了无法克服的困难。尽管他们绞尽脑汁，也曾求教能人高手，还是想不出分地的办法。他们无计可施，只好诉诸法律。

结果，在轰动一时的“四棵橡树的官司”中，四个兄弟几乎耗尽了自己所有的财产，问题却仍然得不到解决。最后，他们只好把土地卖掉（当然也包括四棵老橡树），官司便自动取消了。

美国趣味数学大师山姆·洛伊德先生曾把这个故事改编成一个智力测验趣题。他设想，老头子的这块地是一个像国际象棋盘那样的8×8的正方形，四棵橡树排列在对边中点连线的左侧，间距相等，各占一格（如图1-1）。要求把这块地分成四块面积相等，最好形状也能相似，并且每一块中各有一棵橡树的图形。

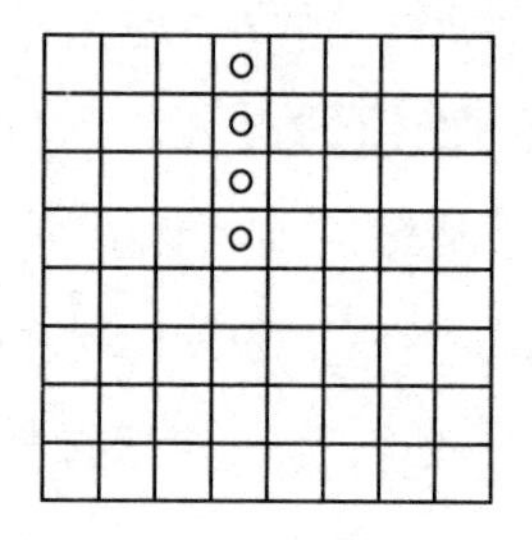

图1-1

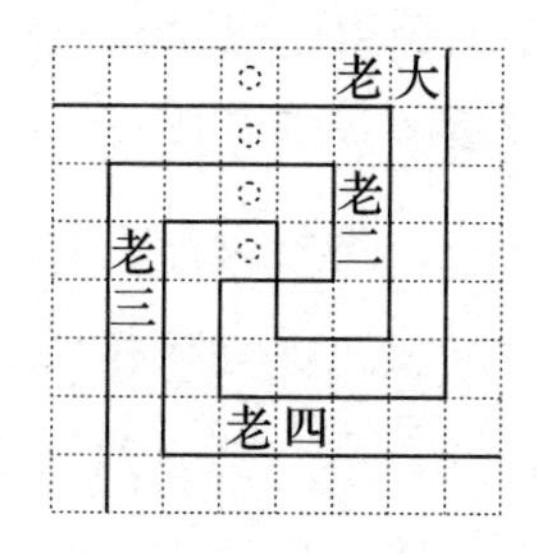

图1-2

这道题解起来不算太难，小学生完全可以解决。解法如图1-2所示。但是，问题并未到此结束，下面还大有文章可做。因为人们发现，按照这种解法，老大、老二、老三、老四所分到的土地，竟是一个模子里出来的货色。你若分别把它们从纸上裁剪下来，它们竟然是可以完全重合起来的，只是橡树在图形中的位置不同而已（如下图 1 - 3）！于是人们拍手赞叹："真是个妙题啊！"

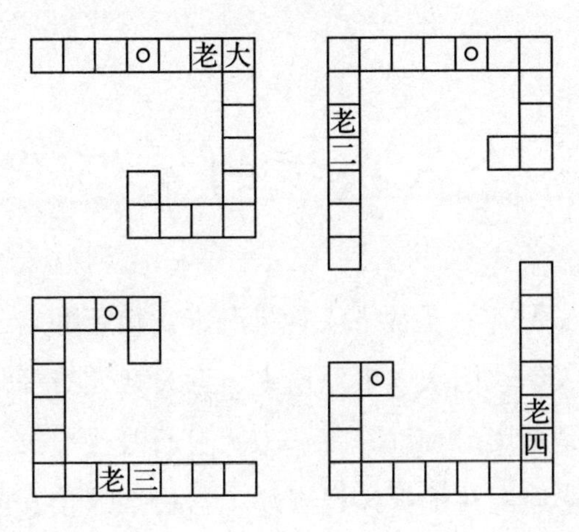

图 1 - 3

令人头痛的安娜

安娜（Anna）是西方女性十分喜欢使用的名字。英国人、美国人、法国人、俄罗斯人、意大利人等等，大家都在用，真是地无分南北东西，人无分日耳曼、拉丁、斯拉夫。中国影迷们几乎都知道安娜·马格纳这位女演员，她是电影《罗马——不设防的城市》的女主角，后来又主演了《玫瑰梦》、《孽海狂涛》等名片，获得了首届戛纳国际电影节的大奖。如果你打开一部《外国人名大辞典》，那么将会发现，名叫“安娜”的人多得不胜枚举。上至公主，下及女兵，她们所走过的人生道路，都给人留下了难忘的印象。

安娜又是一个回文单词，从左读到右与从右读到左是完全一样的，尽管这是件好事，却也使人烦恼。在下面的图形中，就要请你来做一个游戏，看看下页图中不同的ANNA读法，究竟有多少种。

你不妨试试看，弄不好的话，它真会像“卢沟桥上的石狮子，叫你数不清”呢！

A
A N A
A N N N A
A N N A N N A
A N N N A
A N A
A

读 ANNA 的时候，字母必须相互邻接。注意，不仅是横竖方向，对角线方向也算相邻。还有，一个 A 可以同时用于同一个单词 ANNA 的头和尾，但中间的两个 N 必须用不同位置上的 N。

现在让我们根据第一个 A 的位置来进行计数：

1）位于中心时：A 在水平和垂直方向上与 4 个 N 相邻，其中的每个 N 都能形成 15 个 ANNA，从而一共有 $4\times15=60$ 个 ANNA；另外，与这个 A 在对角线方向上相邻的还有 4 个 N，其中的每个 N 都能形成 12 个 ANNA，从而一共有 $4\times12=48$ 个 ANNA；

2）位于角上时：那 4 个 A 中的每一个都能形成 9 个 ANNA，所以一共有 $4\times9=36$ 个 ANNA；

3）位于边上时：每个 A 都能与 3 个 N 相邻，其中的一个 N 与 3 个 N 相邻，一个 N 与 4 个 N 相邻，还有一个 N 与 5 个 N 相邻，而每个 N 都与 3 个 A 相邻，因此一共有 36 个

ANNA。于是，边上的 8 个 A 一共能形成 $8\times36=288$ 个 ANNA。

本题总的答案应该是：

$$60+48+36+288=432\text{（个）}。$$

不能服用“兴奋剂”

英语单词 Reviver 很常用，它原来的词义是复活者、复兴者，现在则一般指兴奋剂、刺激物。

许多大牌运动员由于非法服用兴奋剂而闹得身败名裂，报章杂志及其他新闻传媒上对此经常有所报道。

为此要提醒读者，做下面这种游戏时，务必要牢记：头脑要冷静，万万不能服用“兴奋剂”。

R

R E R

R E V E R

R E V I V E R

R E V E R

R E R

R

请问：有多少种方法可以从上面的图形中用相互邻接的字母读出 REVIVER 这个单词？

任何一个 R、E 或 V 都可以在同一个 REVIVER 中使用上两次。当然，不重复使用也行。

对此，让我们来解释一下。在下图中，两条折线所示的读法都是允许的。

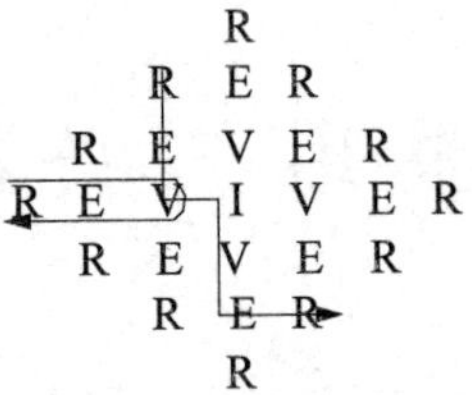

```
      R
    R E R
  R E V E R
R E V I V E R
  R E V E R
    R E R
      R
```

先考虑从中心的那个 I 开始可以读出多少个 IVER，这个 I 同 4 个 V 相邻，而每个 V 又同 7 个 ER 相邻，由此可知共有

$$4 \times 7 = 28$$

个 IVER。

类似地，REVI 也有 28 种读法，所以 REVIIVER 应该有

$$28 \times 28 = 784$$

种读法。

由于 REVIIVER 同 REVIVER 是“一一对应”的，所以我们断言：

REVIVER 也有 784 种读出方法。

重叠之美

有重叠的地方往往就有美。为什么在新房门窗上贴着的红色喜字，不会写“喜”而一定要写成“囍”？中国民间风俗很讲究成双结对，文学里也有“双声”、“叠韵”等说法。

在号称“人间天堂”的杭州，就有这样两副对联。其中之一是：

翠翠红红处处莺莺燕燕，
风风雨雨年年暮暮朝朝。

另一处则见于孤山中山公园的一座方亭，横匾题着“西湖天下景”五个大字，亭柱上悬挂一副楹联：

山山水水，处处明明秀秀；
晴晴雨雨，时时好好奇奇。

据说此联同清末民初的近代大名人康有为有密切关系。西湖的山山水水，处处明媚秀丽。这两副对联写出了人们对杭州与西湖山水的共同感受，因而引起了读者们的强烈共鸣。

不过，联语的叠字毕竟有限，我们能否把重叠之美推向无限？这就必须借助于数学的力量了。

出发点是极其简单的：

$$3\times4=12。$$

接下去，可以写出第二式：

$$33\times34=1122。$$

“重叠”之美开始露头了，好比从“喜”字写成了“囍”字。

明眼人当然会想到可能有第三式、第四式：

$$333\times334=111222;$$

$$3333\times3334=11112222。$$

经过计算，它们居然也对。

于是，大胆的人又会猜测下面这个无穷无尽的等式也可能成立：

$$33\cdots33\times33\cdots34=11\cdots122\cdots2。$$

这个等式中的一个因数由 n 个 3 组成，另一个因数由 $(n-1)$ 个 3 与 1 个 4 组成，乘积则由 n 个 1 和 n 个 2 组成。

告诉你，事情真是如此！我们可以证明这个等式是成立的。不过，本书不是教科书，就不必把证明写出来了。

当然，重叠之美不限于此，这里只是初步让你尝尝“数学之美”的甜头而已！

组装 24 的游戏

在物质文明高度发达的西方国家，几乎每个小孩都能毫无困难地弄到一台电子计算器。然而，这非但没能给他们带来好处，反而使他们的基本运算能力大大退化。许多小朋友懒得动脑筋，以致有人统计，背不出乘法口诀的儿童，其百分比逐年上升。对此，他们国内一些有识之士忧心忡忡，一再强调，必须采取各种办法，其中当然也包括“寓教于乐”的手段，使孩子们在游戏中学习，以提高学生的计算能力。

来自我国上海的孙士杰所发明的“组装 24”游戏打进了美国市场，并很快流行起来。仅据不完全统计，已有三十多个大中城市举行过大型比赛。据报道，曾在纽约曼哈顿的一家大酒店中，95 名小学生选手角逐全市冠军。结果，波多黎各移民后裔的一个孩子夺得了第一名。原来，这个孩子天天都要玩这种游戏。他的算术成绩也扶摇直上，100 分成了他的囊中之物。

“组装24”游戏的道具是一套纸牌，共有192张，每张纸牌上都印有1到9中的四个数字，允许重复。参赛者先任意摸出一张牌来，然后通过+、-、×、÷四则运算，利用括弧等，把牌上四个数字联成算式，使答案为24。时间一般限制在15秒到30秒，可根据小学生的年级与水平来灵活掌握。如果排出来的算式不对或者排不出算式，那就发给他一面罚旗（一般为黑旗），连获三面黑旗者即被取消比赛资格。

排算式时，纸牌上的四个数字必须全部用进去，不能只利用一部分。譬如说，如果摸到的那张纸牌上印有2，3，4，6这四个数。由于$2\times3\times4$已经等于24，6成为多余之物，怎么办呢？不要着急，还是有办法的，因为只要排出$4\times6\times(3-2)$就行了。

有时，纸牌上的四个数字也可以完全一样，例如3，3，3，3；4，4，4，4；等等都行。不难看出，联系这些数字，“组装”出24的算式是：

$$3\times3\times3-3=24;$$

$$4\times4+4+4=24;$$

$$5\times5-(5\div5)=24;$$

$$6+6+6+6=24。$$

发明家孙士杰之所以把答数选定为24，自有他的道理。因为24是一个具有较多因子的“合数”，除去1与24本身以外，尚有2，3，4，6，8，12等6个因子。而20只有4个因子，18也只有4个因子，16只有3个因子，至于质数（也叫素数）当然更不合适了。

后来，人们认为可以加入其他运算符号，例如小数点、循环节、平方根、阶乘记号、数字与数字之间的直接串联（例如23，18等等），甚至“自定义”函数等统统都行。这样一来“组装24”游戏就不仅适用于小学生，甚至中学生、大学生也都可以玩了。

譬如说：

$$22+\sqrt{2\times 2}=24;$$

$$33-(3\times 3)=24;$$

$$8+8+\sqrt{8\times 8}=24;$$

$$9+9+\sqrt{9}+\sqrt{9}=24。$$

甚至四个同样的1也低头就范了：

$$(1+1+1+1)!=4!=1\times 2\times 3\times 4=24。$$

（在这里使用了阶乘符号！）

唯独缺少7的表达式，只有它不合作，就像是一匹劣马，不听管教。

后来，有位游戏专家想到了自定义函数，此人是出版社的一位高级编审。他忽然省悟，在校对文稿时不是经常用红笔写“∽”吗？譬如说，“合作”误写为“作合”，98

误写为89等等，就要用这个记号了。

用了这个奇妙的“∽”，用四个7也就可以“拼”出24了，请看：

$$\backsim\left[\left(7-\frac{7}{7}\right)\times 7\right]$$
$$=\backsim[6\times 7]$$
$$=\backsim[42]$$
$$=24。$$

也有人修改题目，譬如说：用七个7，能否拼出24？于是也找到了办法，而且方法不止一种：

$$\left(7+\frac{7}{7}\right)\times\left(\frac{7+7+7}{7}\right)=8\times 3=24;$$

$$\left(7\times 7-\frac{7}{7}\right)\div\frac{7+7}{7}=48\div 2=24;$$

$$7+7+7+\frac{7+7+7}{7}=21+3=24。$$

总之，深入其中，趣味无穷。

数学是大作坊

一分钟解出方程

“一分钟智力题”是数学游戏里一个起源很早，历史悠久，受人喜爱的品种。

例如，游艺晚会上挂着彩色纸条，上面写着：

请解下列分式方程：

$$x+\frac{1}{x}=\frac{10}{3}\ （限一分钟）。$$

有位思路敏捷的孩子看出，假分数$\frac{10}{3}$不就等于$3+\frac{1}{3}$吗？于是一眼就能判定：3 是这个方程的根；同样，$\frac{1}{3}$是它的另一个根。可不，$3+\frac{1}{3}$就是$\frac{1}{3}+3$嘛！或者说，3 与$\frac{1}{3}$是互为倒数的，中间的“+”号也可以省略，写成带分数的形式$3\frac{1}{3}$。另外，根据代数基本定理：一元 n 次方程有且只有 n 个根。既然上列方程是一元二次方程，而现在两个根都已求出，那么问题已经宣告解决，没有更多事情要办了。请看，他的解法多么简捷，任何复杂计算都不需要。

人的头脑就像是一把利刃，需要经常磨砺，不然就会生锈！

上海科技园区的浦东分园，未婚大龄青年很多。某报社的一位青年编辑，想出了别出心裁的“相亲会”，台阶很高，规定必须用英语交谈。于是某些人大摇其头，认为“人心不古”，甚至给出点子者扣上了“崇洋媚外”的大帽子。

尽管议论纷纷，仍有9位男“白领”，10位女青年参加了这项活动。事后，每位男青年都认识了相同数目的女青年，而每个女青年却各自认识了人数不等的男“白领”。现在问你，这样的事情有可能发生吗？

根据题意，每位男“白领”都认识了f位女青年，于是总数便是$9f$。但每位女青年所认识的异性人数都不同，所以总数只能是

$$0+1+2+3+4+5+6+7+8+9=45,$$

所谓0的意思当然是指“不屑一顾”了。

从而可以列出方程

$$9f=45,$$

马上就能解出 $f=5$。

通过这项活动，每位男“白领”都认识了5位女性，能说它办得不成功吗？

棋盘上的数学

下图是张中国象棋盘，其实是个长方形，中间由界河隔开。图上纵横线交叉，犹如网络。现在要问你，大大小小的正方形，一共有多少？点数时需要谨慎小心，千万不要粗心大意。

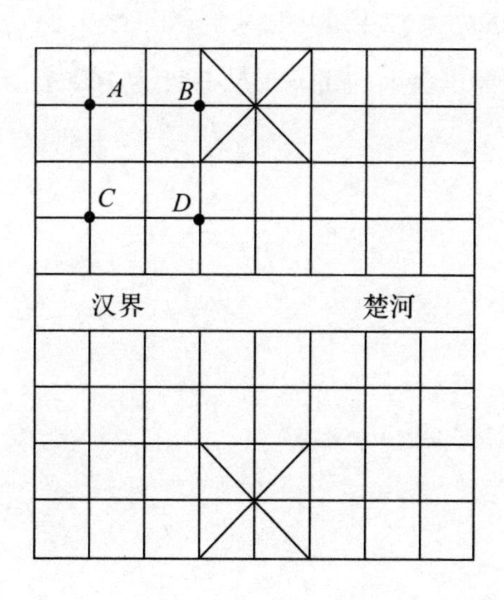

学习数学是从点数开始的，但必须有条不紊。由于整张棋盘被界河隔开，所有的正方形都不能“越界”，所以清点时只要以半张棋盘为依据就行了。

大大小小的正方形共有四类：

1×1 大小的正方形共有

$$4\times8=32\text{ 个；}$$

2×2 大小的正方形（如图上的 $ABCD$）共有

$$3\times7=21\text{ 个；}$$

3×3 大小的正方形共有 12 个；

4×4 大小的正方形共有 5 个；

半张棋盘上共有正方形数为：

$$32+21+12+5=70\text{ 个。}$$

所以全部棋盘上的正方形数总计为 140 个。

一面喝酒一面漏

某地市场上有一种外包装非常考究的酒坛，号称送礼佳品，价格不菲，一度也很畅销。然而，日子一久，马上就露出马脚了。原来它是一种仿制手法非常拙劣的东西，谁要是把它买了去，那么一旦开封之后，主人一面喝酒，一面就在滴漏了。

某人是个好事之徒，做了实地试验，他报告道：这只劳什子，三个酒量一样大小的人去喝，六天就一滴不剩；五人喝时，四天就光。

请问，如果只有一人在饮酒，那么酒坛几天见底？

这道题很有些特色，如果照通常的办法去设未知数，则列方程很麻烦。为此，需要灵活处理，引入一些辅助未知量。

譬如说，可以设酒坛里原有酒 c 斤（c 是常数），每人每天喝酒 m 斤（m 可以是个小数，所以你不必大惊小怪），每天漏掉 n 斤，一个人单独喝酒时，x 天喝光。于是按照题意，就可列出下面的方程组：

$$\begin{cases} c=6\times 3m+6\times n, & (1) \\ c=4\times 5m+4\times n, & (2) \\ c=m\times x+n\times x。 & (3) \end{cases}$$

$(1)-(2)$，$-2m+2n=0$，

$\therefore \quad m=n$。

做到这里，吓了一跳，原来漏掉的酒竟和一人一天的饮酒量一样多!

代入后，发现 $c=24m$。

由（3）式，得 $24m=2mx$，

$\therefore \quad x=12$。

由此求出答案：如果一人去喝这坛酒，12 天就见了底。而实际情况却是：喝一半，漏一半呀!

巧算枫叶面积

书里夹着一张美丽的枫叶，它的面积有多大呢？当然不需要十分准确，大致差不多就行。那么，要用什么办法来解决这个面积估算问题？

我们可以利用整数格子来解决。有个定理告诉我们：任意一个以格点为其顶点的多边形，其面积等于内部格点数加上边界上的格点数的一半再减去1。譬如说下图中所画的多边形面积应是：

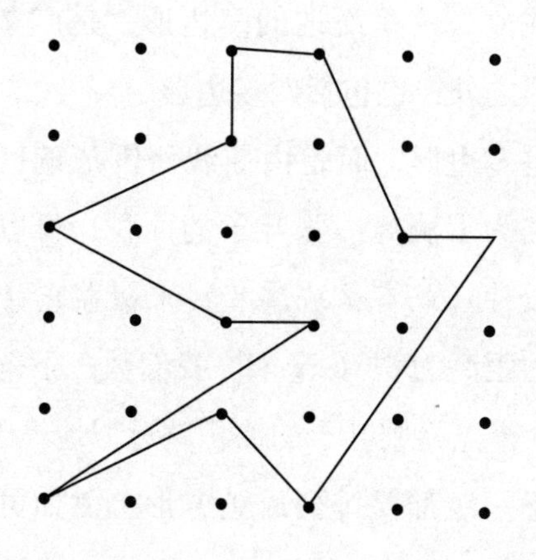

$$6+\frac{11}{2}-1=10.5。$$

对矩形来说，这个公式的正确性显而易见，因为倘若矩形底边的长是 m 个单位，高是 n 个单位，则它的面积是 mn 个平方单位。这时，在矩形的边界上有 4 个顶点，两条底边上有 $2(m-1)$ 个点，两条垂直边上有 $2(n-1)$ 个点，共有 $2m+2n$ 个边界点，内部则有 $(m-1)$ 列与 $(n-1)$ 行，因此共有 $(m-1)(n-1)$ 个内点。

根据上面的公式，可算出：

$$面积=(m-1)(n-1)+\frac{2m+2n}{2}-1=mn,$$

可见它正好等于 mn 个平方单位。

由于任何一个多边形都是由若干个三角形组成的，所以我们最终推出：这个公式对于任意一个以格点为其顶点的多边形都成立。这里所谓的多边形，是广义的，除了常见的凸多边形之外，也包括凹多边形。

如果不是多边形，而是由曲线所围成的区域，也有近似办法。例如为了测算一张叶子的面积，可以用一张画上格点的透明胶片（或有机玻璃片）来覆盖它（如下页图），两个格点间的距离为 3.16 毫米。我们数一下落在叶子上的点，如果有 n 个点，则叶子的面积就近似地等于 $10n$ 平方毫米。格点也不一定都要排列成正方形，例如可改用正三角

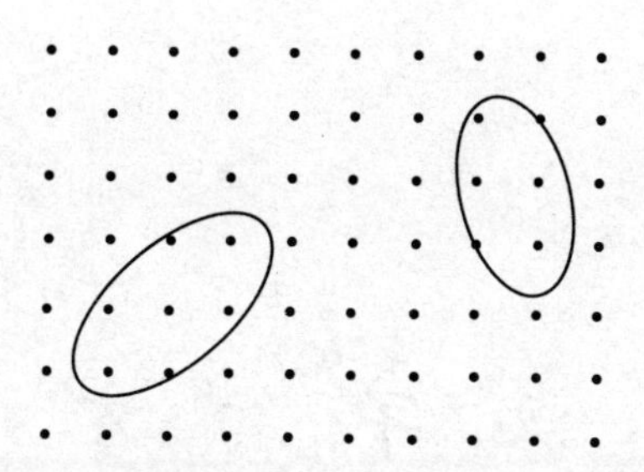

形点阵。这些都是饶有兴趣且有广泛应用价值的课题，例如计算药用植物叶片的面积、微型雕刻、缂丝工艺品、刺绣等等，都可应用这个办法。

汉字幻方

西方也有汉学家，瑞典和法国似乎更多些，但他们并不属于汉字文化圈。唯有日本人同我们一样，迄今仍在大量使用汉字，已把它融入到他们的日常生活中去。《三国演义》、《孙子兵法》、《西游记》、《菜根谭》等都有日译本，喜欢读的人不在少数。

有位汉学家兼游戏数学专家以其独有的幽默感设计了一个汉字幻方。

他先把“初”字的笔画勾描出来（见下图）：

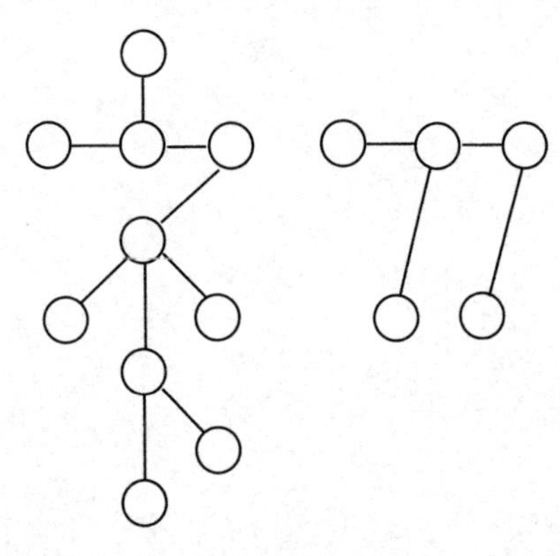

不难看到，它正好由 15 个交叉点和端点组建而成。

请在每个交叉点上填入自 1 到 15 这 15 个连续数，并要求图中构成横、直、撇、捺的若干个数字之和全都等于一个常数。

答案如下：

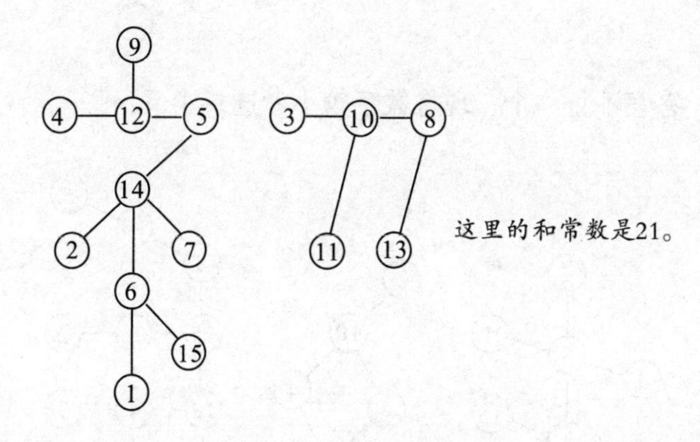

另外，喜欢幻方和集邮的爱好者也大有人在。邮票在日文中叫做“切手”。有人发现，这几个汉字也可用来拼组“幻图”。现在把草图绘制于下（见下页图），请大家试一试。填入的必须是自然数，但不一定限于连续数。同上面一样，任一笔画上几个数字之和都要等于同一个常数。

答案不止一个，现将数字较小者选录于下：

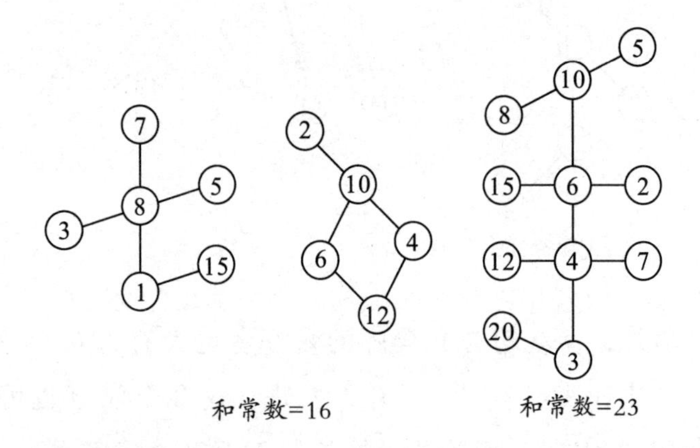

和常数=16　　和常数=23

过去人们所说的幻方，总是指有规则的几何形状，如正方形、圆、立方体等，现在把“幻方”推广到各个汉字，真是令人大开眼界。

《康熙字典》里收录的汉字多达数万。无疑，这是一个异常广阔的天地。

间 隔 幻 方

德国数学家外尔有一句名言："我的工作常想把真和美统一起来，但当两者不可兼得，逼得我不得不在其中选取其一时，我通常选择的是美。"八阶幻方也许可以当之无愧地接受这一评语。众所周知，中国的古塔一般都是八角形的，"8"这个数确实具有对称与和谐之美。

目前，世界上的幻方研究确有"一浪高过一浪"之势，可谓"越出越奇"，它确已是有不容置疑的美学价值。

日本幻方研究家片桐善直制作了一个匪夷所思的"间隔幻方"（如右图）。它也是八阶幻方，其中的数字从 1 到 64，从整体上看，完全符合幻方的传统定义。

1	35	24	54	43	9	62	32
6	40	19	49	48	14	57	27
47	13	58	28	5	39	20	50
44	10	61	31	2	36	23	53
22	56	3	33	64	30	41	11
17	51	8	38	59	25	46	16
60	26	45	15	18	52	7	37
63	29	42	12	21	55	4	34

奥妙的是，如果把其中数字逐个间隔地取出来，并按原有顺序重新组合，则可以得到如下的两个四阶方阵（如下图）。它们都是完全幻方，即不仅普通对角线上，甚至在“泛对角线”上任意四数之和全都能等于130。

“泛对角线”上的等和性质：

$$47+3+18+62=130；$$

$$11+52+54+13=130。$$

1	24	43	62
47	58	5	20
22	3	64	41
60	45	18	7

35	54	9	32
13	28	39	50
56	33	30	11
26	15	52	37

片桐幻方中一对共栖的“生物”

——两个独立的四阶完全幻方

上海市远郊南汇县（现已改为区）的一位“数学怪才”俞润汝先生，对“间隔幻方”的造法作了相当深入的研究。他指出，间隔幻方可划分成四个子方（即子矩阵或子块），对角子方中的对应元素有重叠互补性质：

$$c_{ij}+d_{ij}=1^2+8^2。$$

俞先生还认为变换的方法有“不变”、“上下自反照”、“上下换”及“全反照”等数种（这里用的是他的原话，实质上是有变换群的内涵)。经他反复演算，结论是：八阶幻方的造法共有 768 种之多。作为一个业余研究家，他的成就不在片桐善直之下，甚至有过之而无不及，真是难能可贵了。

马步循环

中国象棋与国际象棋之间有许多重大差异，前者的棋子放在纵横直线的交叉点上，而后者的棋子却放在格子内部。

大家知道，中国象棋的“马”是走“日”字（直立或卧倒的“日”字都行）的，蹩住马腿就不能走动。国际象棋里头也有“马”，原名“骑士”（Knight），走法同中国象棋里的“马”差不多，也是斜着走的：横里两格直里一格，或者直里两格横里一格，而且没有“轧马脚”的限制，照样可以自由行动，所以，威力更大一些。

国际象棋里的“马”可以从棋盘上的任何一格出发，不重不漏地走遍整个棋盘上的每一个格子，最后再回到原先的出发点，这就是所谓“马步循环”问题。在数学历史上，它已被欧拉等数学家圆满解决了。

如果我们把 $8\times8=64$ 格的国际象棋盘相间地着色，那就不难看出，马每走一步，总是要从一种颜色的格子走到另一种颜色的格子中去。下图将给出马的一种走法，它从图上的1出发，依次走过2，3，4，5，6，…到达64之后，又可从64走回到1。这是需要花上一点技巧的，并不是任意一条马的行动路线都能办到。倘若你漫不经心，那就难免会失败。

35	38	27	16	29	42	55	18
26	15	36	39	54	17	30	43
37	34	13	28	41	32	19	56
14	25	40	33	20	53	44	31
63	12	21	52	1	8	57	46
24	51	64	9	60	45	2	5
11	62	49	22	7	4	47	58
50	23	10	61	48	59	6	3

有趣的是，你千万不要以为，此图的作用很有限，它仅仅告诉了你出发点在靠近棋盘中心处的马的走法（如果我们在这里不强调、不点破，那么十之八九的人都会这样认为）。其实，不论马从哪个格子出发，本图都可以认作是问题的标准答案。它简直像一盒“万金油”（注：它是南洋华侨胡文虎先生发明的，商品正式名称为“虎标万金油”，可治一切小毛病）可以包医百病。譬如说，如果马的出发点在左下角标着50的方格里，那么你就完全可以依次走过51，52，53，54，…，64，1，2，3，…，49再回到50；也

可以倒着顺序走，从 50，49，48，47，…，3，2，1，64，63，62，…，52，51 地走回到 50。所以，图是死的，人是活的，你也会因此而恍然大悟了。

本图还有一个重要特点，那就是，用来表示马步先后顺序的数目可以组成一个 8 阶准幻方——因为每一横行或纵列里八个数目的总和都等于 260。可惜，两条对角线上的数字之和不满足标准的幻方定义，所以只能称为准幻方而不是十全十美的幻方。准幻方有时也叫半幻方，就像群和半群的差异那样。

“偶数迷”的烦恼

汤姆逊人称“阿汤”，是个“偶数迷”。他家位于英格兰南部城乡结合地带，是一幢连体别墅，居住条件相当不错。

在他家客厅的墙壁上挂着四只镜框，每个镜框里都分别写着2，4，6，8这四个偶数中的一个，不重不漏。当然，镜框里还配有赏心悦目的风光画，看起来并不单调。如果套用一句时髦的流行语，就是“挺吸引眼球的”。

为了尽善尽美，阿汤把镜框的挂法进行调整，希望由镜框中四个偶数所组成的四位数正好是一个平方数。可是说也奇怪，这些镜框的脾气“犟”得很，就是不肯同他配合。那些数字，怎么样也凑不成一个平方数。

阿汤的想法能实现吗？他试一次失败一次，试一次失败一次，最后终于醒悟过来：自己的想法是不可能实现的。并且，他还用“弃九法”证实了这个“残酷”的事实。

先不管奇偶数，一个数在平方运算之前，它的各位数字之和可能是1，2，3，4，5，6，7，8或0（如果这个和是9或大于9，就不断地减去9的倍数，始终使它小于9）。这些和分别平方以后，就成为

1，4，9，16，25，36，49，64，0。

进行“弃九”运算之后，它们又分别变成为

1，4，0，7，7，0，4，1，0。

这下阿汤恍然大悟了：平方数的各位数字之和只能是以下四种情况之一：0，1，4，7。

如果不符合这个必要条件，第一关就过不去，还试它干吗？

不信请看，2，4，6，8四个偶数，不管它们如何排列，各位数字之和都只能是

$$2+4+6+8=20。$$

“弃九”后得出的是2。所以，无论阿汤怎么挂来挂去，终究挂不出一个平方数来。

请大家再想一想，如果改为五只镜框，全都用奇数1，3，5，7，9，情况会改善吗？

要记住“过了一关又一关”的教训。关云长想“过五关”，就必须“斩六将”，谁肯放他一马呀！

222，也怪也不怪

有些游戏的结果是可以预知的，你信不信？譬如说，从1，2，3，4，5，6，7，8，9九个数字中，任意取出三个来，然后排出所有的三位数，不能雷同，也不能遗漏；把所有的三位数全部相加起来，再用这三个数字之和去除，结果得出的商都是222。你说，有趣不有趣？

让我们随便举几个例子来看看。

任取6，1，7三个数字，把它们组成的三位数全部写出来，共有六个：

617，671，176，167，761，716，

然后把它们统统相加，求出其总和：

$617+671+176+167+761+716=3108$，

再除以6，1，7这三个数字之和，由 $6+1+7=14$ 得出商数：

$$3108\div14=222。$$

如果允许0可以放在首位（这种数目现在已经用得很

多，大家也司空见惯，不足为奇了，例如邮政编码、长途电话区号等），譬如说，选取1、0、8，那么，照上面所说的方法计算一下：

$$(108+180+801+810+018+081)\div(1+0+8)$$
$$=222,$$

怪了，结果还是222！真像《西游记》里所说，孙猴子始终跳不出如来佛祖的手掌心。难道真像迷信的人所深信不疑的，确实存在着“宿命”和“天数”吗？

许多书一旦写到这里，就戛然而止，没有下文了。

现在我倒要劝你继续做下去，不要浅尝辄止，就此停步。

不妨退一步想，为什么当初一定要用三位数来做试验呢？两位数行不行呢？老实告诉你，我在试过几次之后，终于找到了两位数也是有定数的，它就是11。

譬如说，你可以选3和8，然后来个“如法炮制”，结果便是：

$$(38+83)\div(3+8)=121\div11=11。$$

随便你换什么别的数去试，你必定会发现：11这个定数始终是雷打不动的。

由于退一步尝到了甜头，你们大概会深受鼓舞，接下来即使我不说，你们也想进一步了。从三位数进到四位数，情况又怎么样呢？

还是老办法，先任意挑四个不同的数字，譬如说，“文革”时期大名鼎鼎的8、3、4、1，然后把全部排列统统写出来，共有$1\times2\times3\times4=24$个数。

把8打头的六个数全部求和，得49776；

3打头的数全部求和，结果是20886；

4为首的数全部求和，结果为26664；

1领头的数全部求和，结果是9330；

总和是：

$$49776+20886+26664+9330=106656。$$

由于 $8+3+4+1=16$，

以16为除数，106656为被除数，结果得出商：

$$106656\div16=6666。$$

6666这个四位数有点“神”，难道它是四位数的“天数”吗？哈哈！事实正是你们所猜想的，一点不错。

现在要来挖掘规律了：

两位数的常数是11，$1+1=2$，我们想到$2!=1\times2$正好就是2；

三位数的常数是：222，$2+2+2=6$，而$3!=1\times2\times3$正好就等于6；

四位数的常数是6666，$6+6+6+6=24$，而$4!=1\times2\times3\times4$正好就等于24。

现在我们要来揭露其深层原因了。设原先挑选的三个

不同数字为 a，b，c，根据全排列的原理，百位数上必将是：a，b，c 分别出现2次。同理，十位与个位数上必然也是如此。换句话说，排出的全部六个数字之总和必然是

$$100\cdot2(a+b+c)+10\cdot2(a+b+c)+2(a+b+c)$$
$$=222(a+b+c)。$$

再除以 $a+b+c$，结果不等于222才怪哩！

这就叫做“见怪不怪，其怪自败”呀！所以，游戏中隐藏着学问，我们一定要穷追猛打，非得搞它个水落石出不可。

九 面 玲 珑

中、日、韩号称“世界围棋三强”，这是当今大家一致公认的。环顾国内各大、中、小城市，学围棋的人大概不在少数。由于围棋盘上共有 $361=19^2$ 个交点，于是围棋和 19 就挂上了钩。有人想出一个怪题：用四个 4，添加数学符号组成算式，要使结果等于 19。别以为这种游戏没意思，中外各国有不少人对它进行了专题研究。

他们研究的结论是：用四个 4 和 +、-、×、÷ 四种运算符号，可以得出 1 到 10 的结果；如果再添上平方根记号，则可得出 1 至 20 的结果。例如：

$$13=\frac{44}{4}+\sqrt{4};$$

……

然而，唯独得不出 19。于是，人们又想到使用小数点循环节与阶乘记号。这样一来，竟可以得出比 100 还大的数，当然 19 也在其中了。

例如，我国已故著名数学教育家许莼舫先生就想出了：

$$\frac{\frac{4!}{\sqrt{4}}+\sqrt{.\dot{4}}}{\sqrt{.\dot{4}}}=19。$$

西北工业大学教授、航空史兼数学游戏专家姜长英先生则想出了：

$$4!-\frac{\sqrt{4}}{.4}=19，\qquad（只用了三个4）$$

或
$$4!-4-\frac{4}{4}=19。$$

后面这个式子很简捷有力，但是“强中更有强中手”，当代美国著名数学科普大师马丁·加德纳的办法却是

$$\frac{4+4-.4}{.4}=19。$$

他只用了＋、－、×、÷与小数点符号，比上面两种办法高明得多。

更加奥妙的是，他的这个方法不仅适用于4，而且还适用于从1到9的任意数字，例如

$$\frac{1+1-.1}{.1}=\frac{1.9}{.1}=19，$$

$$\frac{7+7-.7}{.7}=\frac{13.3}{.7}=19。$$

所以，$\frac{n+n-.n}{.n}$竟是一个“路路通”的式子。这个式子真是一位“多面手”了，人家说“八面玲珑”，已属十分不易，它却是“帆随湘转，望衡九面”的“九面玲珑”了！

对于这样一个发现，理所当然地引起了人们的极大兴趣。接踵而来的问题是：除了 19 之外，别的数可不可以用“多功能”公式来表达呢？

自 1 到 21 各数，绝大多数的这类表达方法先后被人们发现，我们不妨随便写出一些，例如

$$7=\frac{n-.\dot{n}-.\dot{n}}{.\dot{n}},$$

$$16=\frac{n}{.n}+\left(\sqrt{\frac{n}{.\dot{n}}}\right)!。$$

唯有自然数 14 特别倔头倔脑，虽经人们顽强努力，却始终找不到它的“多功能”表达式！

多功能公式所能表达的数的上界又是什么？凡此种种，都是没有解决的问题。

金 蝉 脱 壳

这是一种很有趣的数学游戏，也叫“数学脱衣舞”，好像“剥竹笋”，组成多位数的数字一个个地脱落下来，某些本质属性依旧保持不变。

请看下面两组自然数，每组各有三个六位数：

（1）123789，561945，642864；

（2）242868，323787，761943。

分别相加以后，它们的和完全一模一样，也就是说：

$$123789+561945+642864$$
$$=242868+323787+761943。$$

这样的性质，自然谈不上有什么稀罕。因为，这类数目太多了。可是，请你注意：它们各自的平方和也是相等的，也就是说：

$$123789^2+561945^2+642864^2$$
$$=242868^2+323787^2+761943^2。$$

也许你似信非信，那就请你花费些时间，认真算上一算。算过之后，兴许你会由衷地说上一句："咦，倒是有点神！"

且慢称赞，这不过是序曲而已。好比穿着长大衣或风衣，在展台上亮相的时装模特，还"秀"（show）不出多少优美的风姿。

现在请把各个数的首位数字抹掉。你将发现，这两组五位数还是那么神，上述奇妙关系依旧成立，即：

$23789+61945+42864=42868+23787+61943$；

平方之后的相等关系也继续保持着，即：

$23789^2+61945^2+42864^2=42868^2+23787^2+61943^2$。

事情真有点怪！让我们索性再抹掉首位数字来看看，通过计算，证明上述性质依然保持完好，即：

$3789+1945+2864=2868+3787+1943$；

$3789^2+1945^2+2864^2=2868^2+3787^2+1943^2$。

现在，让我们干脆来个"一不做，二不休"，继续做下去。这时将会发现，每次抹掉首位数字后，这项奇妙性质总是"原封不动"的：

$$789+945+864=868+787+943,$$

$$789^2+945^2+864^2=868^2+787^2+943^2;$$

……

直到最后，只剩下个位数了，这一性质还是"岿然不动"：

$$9+5+4=8+7+3,$$

$$9^2+5^2+4^2=8^2+7^2+3^2。$$

接下来，我们还是从原来的两组数目出发。不过这一次我们不妨“反其道而行之”，逐步从末位抹掉数字。令人惊奇的是，这项性质居然还是保存了下来：

$$12378+56194+64286=24286+32378+76194,$$

$$12378^2+56194^2+64286^2=24286^2+32378^2+76194^2;$$

……

直到最后，抹得只剩下一位数时也是如此：

$$1+5+6=2+3+7,$$

$$1^2+5^2+6^2=2^2+3^2+7^2。$$

你们看，奇也不奇？

问题来了，这类数组除此之外，另外还有没有？后来，人们发现，这样的数共有四组，除了上面已经写出来的两组之外，另外还有：

$$2+6+7=3+4+8=15,$$

$$2^2+6^2+7^2=3^2+4^2+8^2=89;$$

$$1+6+8=2+4+9=15,$$

$$1^2+6^2+8^2=2^2+4^2+9^2=101。$$

为了“金蝉脱壳”，怎样添加高位数呢？设高位数为 x，y，z，人们据此列出了下面的等式（从 $9+5+4=8+7+3$ 出发）：

$$(10x+9)^2+(10y+5)^2+(10z+4)^2$$
$$=(10z+8)^2+(10x+7)^2+(10y+3)^2。$$

将上式整理化简后，可得到一个不定方程：

$$x+y=2z。$$

若 x，y，z 的值是从 1 到 9 的九个数，每数只出现一次，不能重复，则有以下 16 组解，它们是：

(1,3,2),(1,5,3),(1,7,4),(1,9,5);

(2,4,3),(2,6,4),(2,8,5),(3,5,4);

(3,7,5),(3,9,6),(4,6,5),(4,8,6);

(5,7,6),(5,9,7),(6,8,7),(7,9,8)。

在以上每组数中，头上两个数的先后顺序当然可以对调，于是又可得到 16 组解，例如：

(3,1,2)，(5,1,3)，…，直到 (9,7,8)。

知道了这些事实，读者就可以自己尝试着编出一些“金蝉脱壳”的式子，例如：

首位数可选：9,5,4 和 8,7,3；

末位数可选：1,5,6 和 2,3,7。

而中间的万位数、千位数、百位数与十位数可选：

(1,3,2)，(2,4,3)，(3,7,5)，(5,7,6)。

于是便能得出你所缔造的等式：

$$912351+534775+423566$$
$$=823562+712353+334777,$$

$$912351^2+534775^2+423566^2$$
$$=823562^2+712353^2+334777^2。$$

鉴于可供选用的数组很多很多，“大量生产”金蝉脱壳数组就是轻而易举的事情了。然而，游戏一旦搞到这步田地，新鲜感逐步消失，最终变得淡而无味了。

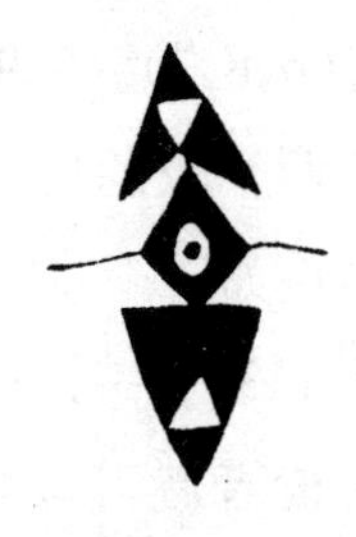

优 化 骰 子

骰子产生于我国，它是何时何地何人所发明，可以去查《事物纪源》，这里不想多说。它流传到国外，少说也有千年以上的历史了。

有人认为骰子是赌具，主张严禁。这种看法不够全面。扑克牌不是也有人把它作为赌博工具吗？然而它是全世界通行的，你能禁得了吗？要说赌具，简单的做手势游戏（剪刀、石头、布）也是可以下巨注、赌输赢的。事实上，暂且不说其他方面，骰子对于幼儿数学启蒙教育来说，倒也不失为一种很形象的教具。譬如说，国外有些小学低年级课本中，就有利用骰子，让孩子们来认识数、形，学习简单加、减运算的。

那么，历史悠久的骰子是否已经“十全十美”了呢？倒也未必。有人曾经研究过骰子6个面上点数的多少及其分布的合理性，认为存在着一些不足之处，大可加以改进。

大家知道，掷起骰子来，一般都是两颗一掷。但是，现在的两颗骰子所能表达的数字非常有限，只能从 2 到 12，而且各个和数出现的机会极不均匀。譬如说，出现和数为 7 的机会有 6 个：

$$1+6=7,\ 2+5=7,\ 3+4=7;$$

$$4+3=7,\ 5+2=7,\ 6+1=7.$$

然而和数为 12 的机会只有一个，即

$$6+6=12.$$

因此，如果同时掷两颗骰子，和数为 7 的机会将是和数为 12 的机会的 6 倍。为了矫正这一弊病，研究者应用组合数学的思想，提出了一个改进方案。

造出来的骰子取名“优化骰子”，外形不变，但两颗骰子各个面上的点数（表面不妨直接刻上阿拉伯数字，免去数点的麻烦，可以一望而知）分别为：

$$(1,2,7,8,13,14) \text{ 与 } (1,3,5,19,21,23).$$

这样改的好处是，用这两颗骰子，可以掷出从 2 到 37 点共 36 个点数，也就是：

$$2=1+1,\ 3=1+2,\ 4=1+3,\ 5=2+3,$$

$$6=1+5,\ 7=2+5,\ 8=1+7,\ 9=1+8,$$

……

$$35=14+21,\ 36=13+23,\ 37=14+23.$$

并且，各个和数出现的机会是均等的！

由此看来，这种新式骰子既打破了传统骰子几千年一贯制的老面孔，又能代替与扩展它的功能，的确是一个可以实施的方案。

把它投入批量生产以后，是有可能打开国外市场的。

优化骰子又叫“伤心骰子”，据说发明人是一位业余天文学家艾利斯（Aries，原来的意思是白羊星座，为黄道十二宫之一），看来大概是个化名。由于这位先生的女友琵琶别抱，背叛了他，艾利斯伤心透顶，竟然因此迁怒一切同正方形有牵连的东西，所以在他研制的骰子上决不允许出现4，9，16，25，…等这些完全平方数，只有1是例外。因为1不但是平方数（$1^2=1$），也可视为立方数（$1^3=1$）、四次方数，乃至n次方数（$1^n=1$），可以另当别论，“从宽处理”。

速算骰子

正如华罗庚先生说过的一句名言："数学是中国人民擅长的学科。"我国民间流传过不少意义深长，很有价值的数学游戏和智力玩具。

有一次，我的一位同班同学邀我和其他几位知交到苏州旅游，住在他祖上留下的史家巷大宅里，并且畅游了拙政园、留园、沧浪亭等城内外名胜古迹以尽"平原十日"之欢。

在玄妙观游玩时，我在地摊上偶然发现了一种民间艺人自制的玩具，非常奇妙。它是一组5粒骰子，上面刻着：

第一粒：483，285，780，186，384，681；

第二粒：642，147，840，741，543，345；

第三粒：558，855，657，459，954，756；

第四粒：168，663，960，366，564，267；

第五粒：971，377，179，872，773，278。

现在请你们随便掷一掷，然后将骰子上的数字相加起来。我可以在几秒钟内算出结果，捷如雷电。

有什么秘诀？我可以透露给你们，说起来十分简单：

第一步，把5粒骰子上的末位数相加，得到和数N；

第二步，用50减去N，得出差数$50-N$；

第三步，5粒骰子上掷出的总和必定是个四位数。它可以分为前、后两段，后段就是第一步算出的N，而前段便是第二步算出的（$50-N$）。

譬如说，掷出来的5粒骰子上出现的数字分别为：

384，345，558，267，179。

把这5个三位数的末位数字相加，得出

$$4+5+8+7+9=33,$$

然后用50减去33，得到17。把两段数字串联起来，得出的1733便是5粒骰子掷出的数字总和了。真是，规则似乎很啰唆，执行起来却是十分利索，痛快得很，无论什么人都能一学就会。

究竟对不对呢？用通常的加法来验算一下：

$$384+345+558+267+179=1733,$$

简直是毫厘不差，令人拍案叫绝。

有一点需要补充说明一下：如果N是个一位数，那就必须在前面补上一个0，然后才能同$50-N$串联。譬如说，出现的5个三位数为：

681，642，954，960，971，

这时，末位数字相加之和是 8，而 $50-8=42$，所求得的总和就应该是4208，而不是428。话虽如此，只要稍加注意，一般都不会出错，因为总和是个四位数，那是确定无疑的。

为什么速算法总是能够行之有效呢？原来，秘密潜伏在这一组骰子的设计之中。

每粒骰子上刻着 6 个三位数，中间的一位数字是相同的，譬如说，第一粒骰子为 8，第二粒为 4，如此等等；

每粒骰子上的 6 个三位数中，首尾两个数字之和是相等的，譬如说，第一粒骰子上的情况为：

$4+3=2+5=7+0=1+6=3+4=6+1=7$。

别的骰子也类似，请读者们自己验算。

现在我们不妨假定，5 颗骰子掷下去后，出现的末位数字为

$$a，b，c，d，e，$$

而相应的 5 个三位数肯定就是：

$$100(7-a)+80+a;$$

$$100(8-6)+40+b;$$

$$100(13-c)+50+c;$$

$$100(9-d)+60+d;$$

$$100(10-e)+70+e。$$

说到这里，兴许你会恍然大悟：由末位数推定三位数

的全部，由自变量决定因变量，这不就是活灵活现的“函数”思想吗？

不难看出

$$S=100[7+8+13+9+10-(a+b+c+d+e)]$$
$$+(80+40+50+60+70)+(a+b+c+d+e),$$

设 $N=a+b+c+d+e$，上式最后可以化简为：

$$S=100(50-N)+N,$$

这就完全说明了速算之所以能够每战必克，万无一失的道理。

道理讲透了，但应该说的话似乎还没有讲完。必须补充以下几点：

第一点，按照乘法原理，应该有：

$$6\times6\times6\times6\times6 \quad \text{即} \quad 6^5 \text{种组合},$$

也就是共有 7776 种组合方式，但不会得出 7776 个不同结果。倘若真有那么多，岂不搞得头昏脑涨，还能速算吗？

第二点，只要尾数之和相等，则总和也必然相等。我们不妨来看一看下面的对照组：

$$(0,1,6,8,7), \qquad N=22,$$
$$(1,0,7,6,8), \qquad N=22;$$

相应的三位数分别是：

$780+741+756+168+377$，　总和 $S=2822$；

$681+840+657+366+278$，　总和 $S=2822$。

你看，所有的加数都不一样，结果却相等，令人拍案叫绝。

第三点，在这组骰子中，最小的尾数和为：

$$0+0+4+0+1=5,$$

由此决定了最大和为4505。

最大的尾数和为：

$$6+7+9+8+9=39,$$

由此决定了最小和为1139。你看，情况完全颠倒了过来，这种情况也使人感到一阵惊喜。

第四点，在这组“神奇骰子”中，尾数和N的值可以取从5到39中的一切值，全面开花，无所不有。也就是说，不同的总和只有35个，充分说明了玩具设计者是多么的高明。

最后一点，取这些值的概率是不一样的，有的出现机会较多，有的较少。

令人遗憾的是，从来没有一家玩具厂家生产、制造过这种玩具，它早就在市场上销声匿迹了。

按照中国的古老传统，为了得到所谓的“六六大顺”，掷骰子一般要用6颗。做到这一点并不困难，只要按照下面的方案去刻制就行了：

第一颗：715，814，517，418，913，616；

第二颗：239，437，833，536，932，734；

第三颗：554，356，752，455，851，257；

第四颗：565，367，268，763，466，862；

第五颗：577，973，478，676，379，874；

第六颗：984，489，588，786，885，687。

这样一来，总和 S 仍是一个四位数，分成前、后两段，每段由两位数组成，后段为 N，前段要改为（$70-N$）了。不信，你们可以试试。

当然，还有其他不同的设计方案。

放走妖魔

《水浒传》的正文前头有一段风格独特的开场白，题目是“张天师祈禳瘟疫，洪太尉误走妖魔”。它揭出了108位“造反”英雄的老底。

在宋朝仁宗皇帝赵祯统治时期，朝廷里有两位顶天立地的栋梁：龙图阁大学士包拯与大元帅狄青，号称“文有文曲，武有武曲”。那时天下太平，东京开封府的繁华是世界上数一数二的。

不料，后来乐极生悲，瘟疫流行开来，弄得民不聊生。仁宗皇帝就派遣殿前太尉洪信为天使，前往江西龙虎山，敦请张天师做3600份罗天大醮，以禳天灾，救济万民。

办过正经事以后，洪太尉来到另外一所殿宇，看见大门被胳膊般粗的大锁锁着，交叉贴了十多道封皮，上书四个大大的金字：“伏魔之殿”。

监院真人向洪太尉介绍："这是老祖大唐洞玄国师封锁魔王的地方。每传一代天师，便要添一道封皮。现已经过八九代，谁也不敢开。"岂知洪太尉听了不相信，硬要开门，看看魔王是什么模样。真人与其他道士惧怕权势，只得听从。殿内黑糊糊的不见一物，点了十几个火把照明，才发现石碑背后有四个大字："遇洪而开"。

洪太尉看了这四个字，不禁扬扬得意，喝令众人扛起大青石板。下面是个万丈深的地穴。只见一道黑气从洞里翻滚而出，掀塌了半个大殿，直冲上天，并散作百十道金光，射向四面八方。被禁闭的 36 位天罡星，72 位地煞星，共 108 个妖魔统统被放出来了。

洪太尉吓出一身冷汗，急忙下山回京。见了皇帝，他报喜不报忧，绝口不提此事。

这家伙闯下大祸，拍拍屁股走了。真人无奈，只好替他料理后事。在整理地穴、打扫卫生时，发现禁闭 36 位天罡星的地方，整整齐齐摆着宋江、卢俊义等名字牌，好像现在火葬场里的亡灵牌子，上下共有八层，摆成一个正三角形：

宋江

卢俊义　吴用

公孙胜　关胜　林冲

秦明　呼延灼　花荣　柴进

李应　朱仝　鲁智深　武松　董平

张清　杨志　徐宁　索超　戴宗　刘唐

李逵　史进　穆弘　雷横　李俊　阮小二　张横

阮小五　张顺　阮小七　杨雄　石秀　解珍　解宝　燕青

原来，$36=1+2+3+4+5+6+7+8$，它是数学里的第8号“三角拟形数”（简称“三角形数”）。不过，张天师、真人等都不懂，只能认为是“天数”了。

宋江等“妖魔”被放出来之后，果然干出了一番惊天动地的大事业。

36是一个很不简单的数，它是双重身份：既是一个三角拟形数，又是一个完全平方数。

设三角形数为△，那么，8△+1必定是一个完全平方数，请看：

$8\times1+1=9=3^2$；

$8\times3+1=25=5^2$；

$8\times6+1=49=7^2$；

……

$8\times36+1=289=17^2$；

等等。一个三角拟形数又可以是另一个三角拟形数的平方，譬如说：$36=6^2$，其中6是第3号三角拟形数，而36是第8号。从宋江到林冲，构成了梁山泊中的领导集团。从《水浒传》的正文里，也不难看出来。

三角拟形数当然同“剪剪拼拼”游戏有密切联系，请看下图便知：

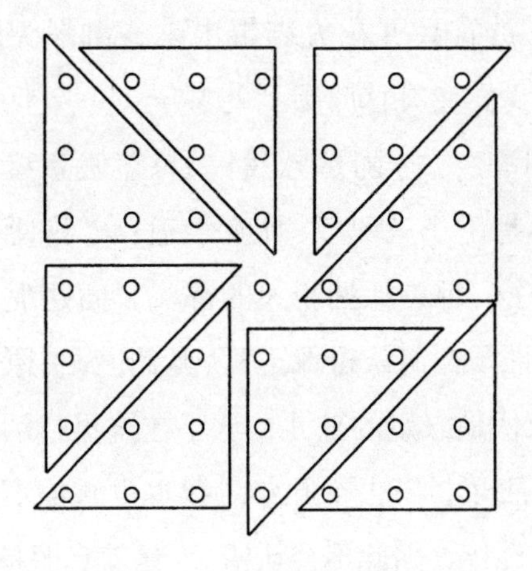

冒 认 舅 舅

一个大汉被官兵五花大绑带出来，雷都头向晁保正报告："这人是我们在灵官庙捉到的贼子……"话未说完，只见那大汉大叫一声："阿舅救我！"晁盖假意看他一眼，喝问道："这不是王小三吗？"那大汉道："我便是，阿舅救我！"众人吃了一惊，抓捕犯人的都头、插翅虎雷横便问晁盖："这人是谁？如何认得保正？"晁盖道："原来是我外甥王小三。这家伙是家姐的孩儿，从小在这里过活，四五岁时随父母上南京去了，一去十几年。我本也认他不得，因为他鬓边有一块朱砂记，因此不会认错。"晁盖真像是在做戏，一席话，把雷横骗得服服帖帖，雷横便下令把那大汉放了。

原来，那大汉姓刘名唐，江湖上诨号"赤发鬼"，昨夜醉倒在庙里，才被公差们捉住。他来投奔晁盖，是要告诉他一个重要消息。当时北京大名府的留守司，上马管军，下马管民，最有权势。这大官叫做梁中书，是当朝太师爷蔡京的女婿。他收买了十万贯珠宝玩物，打算送到东京

（北宋王朝的首都，即现在的河南省开封市）给他丈人蔡太师庆贺生辰，要从这一带经过。刘唐想鼓动晁盖联合各路豪杰劫取这笔不义之财。古人大多相信迷信，正好晁盖昨夜梦见北斗七星坠落在家中屋脊之上，预兆要发大财，因此听了刘唐的话，立即行动起来。

当下他联络了智多星吴用，石碣村以打鱼为生的阮家三兄弟，还有一个懂点法术的道士“入云龙”公孙胜，加上刘唐，正好是7个人，应了北斗七星的吉兆。7人结拜为兄弟，定计劫夺生辰纲了。

晁盖读过几年书，为人很有计谋。冒认刘唐为外甥，他心里是有鬼的，骗得过雷横，也许骗不过别人，因此他另有算计，准备了好几个招数。他一看刘唐的年纪，约有20岁左右的样子，于是眉头一皱，计上心来。

当时正是宋徽宗赵佶的宣和元年，晁盖向上推算了一下，刘唐大约生在赵佶的哥哥宋哲宗做皇帝的绍圣元年（公元1094年），那年正好是闰四月。于是晁盖逢人宣扬，说这位外甥除了有赤发鬼的“朱砂记”以外，另外还有一个别人没有的“特色”：他生在闰四月初一；除了生下来就算一岁以外，至今只过了一年“生日”，那就是政和三年（公元1113年）的闰四月初一，所以他的年纪只有“2岁”（实际上那年刘唐已19岁，虚龄20岁了）。凡当官作吏的人，肚皮里是要有点墨水的。当时宋朝皇帝很重视天文，政和三年才过去不久，人们的脑子里也还留有印象，这就使雷横的上级官吏也相信起晁盖的话来。

一般人认为中国的阴历不科学，编得很粗糙，这种看法真是大错特错。本文虽属游戏笔墨，这里倒也要认认真真地算算细账。

现在已经知道一个“回归年”的长度是365.2422日，而月相变化的“朔望月”是29.5306日。请读者们不妨做两个不太困难的乘法：

$$365.2422 \times 19 = 6939.6018 \text{（日）；}$$

（阳历）

$$29.5306 \times 235 = 6939.691 \text{（日）；}$$

（阴历）

$$6939.691 - 6939.6018 = 0.0892 \text{（日）}$$

$$= 2.1408 \text{（小时）。}$$

不难看出，19个“回归年”与235个“朔望月”的长度大体相等，仅仅相差0.0892日（连$\frac{1}{10}$日还不到），所以在19年中需要设置7个闰年（$19 \times 12 + 7 = 228 + 7 = 235$）。

已故大数学家华罗庚先生也认为古人历法的精密使他十分敬佩，为此他撰写了一系列深入浅出的科普文章。“十九年七闰”的规律至今也仍在起作用。请看，1976年是闰八月，1995年又是闰八月，其间的差距正是19年！

天上的交锋

按照佛教里头大藏经的说法，夜叉属于天龙八部之一，说白了，也就是神通广大的“宇宙人”了。至于哪吒，则更不用说，他是托塔李天王的儿子，即使和孙悟空打架，后者也未必能赢了他。

古代有本算书名叫《九章算法比类大全》，上有一道游戏性质的趣题，是用诗歌形式写出的：

八臂一头号夜叉，三头六臂是哪吒；

两处争强来斗胜，不分胜负战正酣。

三十六头齐出动，一百八手乱相抓；

旁边看者殷勤问，几个哪吒几夜叉？

设有夜叉 x 个，哪吒 y 个，则可列出下面的方程组：

$$\begin{cases} x+3y=36, \\ 8x+6y=108。\end{cases}$$

下面让我们用矩阵的手法来处理，就好像是在做游戏一样：

$$\begin{matrix}\text{上行}\\\text{下行}\end{matrix}\begin{pmatrix}1 & 3 & 36\\8 & 6 & 108\end{pmatrix}\xrightarrow{\text{下行}\div 2}\begin{pmatrix}1 & 3 & 36\\4 & 3 & 54\end{pmatrix}$$

$$\xrightarrow{\text{下行}-\text{上行}}\begin{pmatrix}1 & 3 & 36\\3 & 0 & 18\end{pmatrix}\xrightarrow{\text{下行}\div 3}\begin{pmatrix}1 & 3 & 36\\1 & 0 & 6\end{pmatrix}$$

$$\xrightarrow{\text{上行}-\text{下行}}\begin{pmatrix}0 & 3 & 30\\1 & 0 & 6\end{pmatrix}\xrightarrow{\text{上行}\div 3}\begin{pmatrix}0 & 1 & 10\\1 & 0 & 6\end{pmatrix}$$

$$\xrightarrow{\text{上下对调，化成规范形式}}\begin{pmatrix}1 & 0 & 6\\0 & 1 & 10\end{pmatrix}$$

答：有6个夜叉，10个哪吒在天上大打出手！

有意思的是，约两千年前的我国古书《九章算术》，就有了完整的记录，并通过矩阵方法来求解。这一工作十分杰出，无与伦比。因为在西方，用矩阵的初等变换法来解线性方程组只不过是19世纪的事，远远晚于中国。

数学是大超市

怎样分摊才合理

目前，我国大中城市的交通工具还是以公共汽车、电车、地铁为主，但乘坐出租车的也不少。当然，近年来“黑车”的泛滥也已逐渐成为市政管理上一个令人头痛的问题。

有一天，甲、乙、丙三人合乘一辆出租车，讲好大家分摊车资。甲在全部行程的$\frac{1}{3}$处下车，开到$\frac{2}{3}$处乙也下车了，最后，仅有丙一人坐到终点，共付了90元车钱。请你算算，甲、乙两人应付给丙多少车钱才合理？

每人各拿30元，显然不合理，因为他们乘坐的距离之比是1∶2∶3。

如果按照乘坐的距离来负担，则：

甲应付：$90\times\frac{1}{1+2+3}=15$（元）；

乙应付：$90\times\frac{2}{1+2+3}=30$（元）。

这些钱是甲、乙两人应该付给丙的。

这样的分法，虽然考虑了每人所乘的距离，但是并未考虑到某段距离乘坐的人数，还是存在着不合理之处。

于是有人提出更合理的分法：

开始的$\frac{1}{3}$路程，付30元，甲、乙、丙各拿10元；

中间的$\frac{1}{3}$路程，付30元，乙、丙各拿15元；

最后的$\frac{1}{3}$路程，付30元，全部由丙承担。

这样改进之后，三人付的钱数是：

甲付出的钱是10元；

乙付了　$10+15=25$元；

丙付了　$10+15+30=55$元。

你说合理不合理？丙付的钱是不是太多了？

算错了找头

日色平西，时间不早了，集市里的个体户也纷纷收摊，准备打道回家。卖鱼的老头儿也忙着吆喝，打算把挑剩下的鱼降价出售：“谁肯出 50 元钱，这堆鱼就卖给他。”

正好有结伴的三人路过此地，一听这么便宜，明天又恰逢双休日，就打算买鱼。可是摸了摸口袋，大家身上票面最小的人民币是 20 元，而卖鱼老头又没零钱可找，怎么办呢？

“反正一堆鱼卖 60 元钱也不贵，让他多赚 10 元算了，也不过相当于 10 元钱的出租车起步费！”其中一人说，于是这笔交易成交了。

可是卖鱼老头是个老实人，他一贯奉行诚信原则，一点也不肯马虎。他把 20 元钱兑开，换成零钱，去追买鱼人。一问路人，才知道他们已骑着自行车向东走了。

此时，正好有一辆公共汽车开过来，要继续往东行驶。于是老汉叫别人暂时照看一下摊头，自己乘车去追赶。追了三站路，果然给他追上了三位买鱼人。因为这路公共汽车来回都是空调车，不分什么道路远近，车价一律都是 2 元钱。

老汉对三位主顾说：“刚才我多收了你们 10 元，乘公交车用掉 2 元，回去时还得再花 2 元，一共要 4 元。10 元钱扣除 4 元，还剩 6 元，正好每人可以退回 2 元。我这就还给你们，希望你们下次来集市时，能光顾我的鱼档，做我的回头客。”

三位买鱼人齐声赞叹，收下了他的钱。老人走后，其中一位年轻人却摇摇头说：“账不对啊！我们每人起初拿出 20 元，老头退回给每人 2 元，每人实际只拿出 18 元，三人共拿出 54 元。老头儿乘车来回花去 4 元，合在一起才 58 元，怎么比 60 元少 2 元呢？这笔账轧不平呀，那 2 元钱难道自己生了脚，跑到哪里去了？”

三人算来算去，越算越糊涂，后来只好去请教厂里的会计师。

会计师指出，上面的算法不对。原来每人拿出 20 元，共 60 元；老汉给每人退回 2 元之后，每人实际拿出 18 元；花去的钱共是 54 元，其中 50 元是买鱼的钱，4 元是老汉来回乘车的钱，一分钱都不错。

怎么弄错的呢？原来这位年轻人没有分清花去的 54 元和没有花去的 6 元，又把坐车的 4 元钱重复加在 54 元里面，还硬要和原来的 60 元钱对上账，这就牛头不对马嘴了。

多买反而省钱

一般说，除了少数专业之外，一般人成年后几乎不用铅笔，所以文具店里的铅笔生意主要是以小学生为对象的，而且通常都是整个班级集体去买，批发为主，极少零售。

某小学一年级甲班共有 47 名学生，老师打算每人发一支铅笔。文具店里有两种货色：5 支一包或 3 支一包，前者售价 6 元，后者售价 4 元 2 角，规定整包供应，不能零卖。

请问：至少要花费多少钱？

老师自己有笔的，不必买。每人发支铅笔，当然要 47 支啰！

由于 $47 = 14 \times 3 + 1 \times 5$；

或者 $9 \times 3 + 4 \times 5$， $4 \times 3 + 7 \times 5$。

因此有三种购买方法：

第一种买法是 5 支一包的买 1 包，3 支一包的买 14 包，需花 64 元 8 角；

第二种买法是 5 支一包的买 4 包，3 支一包的买 9 包，要花61元8角；

第三种买法是5支一包的买7包，3支一包的买4包，要花58元8角。

买铅笔的开销不一样，这是由于5支一包的比较便宜，每支铅笔只要1元2角，而3支一包的较贵些，每支铅笔要1元4角。

所以宁可多买1支铅笔，5支一包的买它9包，3支一包的只买一包，花的钱就还可省下6角，只要花58元2角就够了。

尽管省下来的只是区区之数，但考虑问题的观点是引人深思的。死死抠住“一人一支”的原则是没有必要的。多出来的一支笔还怕没有“出路”吗？

怎样分析大跌大涨

随着世界石油与黄金价格的猛涨，多年以来不景气的上海股市又回升到了1400点，人们奔走相告，似乎“熊市”又要变成“牛市”了。总之，股票的大跌大涨，业已成为近日长三角地区的热门话题，现在人们才真正相信“股市有风险”的告诫。

股价的涨落（其他物价也一样），其中包含着许多数目字与百分比。由于一般人的心中无“数”，所以经常会发生判断失误的事情。

譬如某种商品先跌一成，再涨一成，或者是先涨一成，再跌一成。有人就认为这种东西的价格前后不变，这种看法自然是糊涂人的观点，说出来难免受人讥笑。

有点头脑的人或许会认为上述两种结果肯定不一样，他们振振有词地辩解道：涨、跌是以原先的价格为基数的，所以先涨后跌与先跌后涨必然不一样。然而他们的判断也是错的，实际上两者所造成的后果完全相同。

不妨拿实际数字做例子。如某种商品的原价为 100 元，涨、跌 10%，那么先涨一成，售价增为 110 元，再跌一成，售价降为 99 元；如果先跌一成，则售价从 100 元降到 90 元，再涨一成，售价增为 99 元。你们看，结果不是完全一样吗？

不妨再用别的数字试一试，如果涨、跌幅度为 50%，则两种情况的后果都是 75 元。

当物价起落的幅度很大时，结果可以与原价偏离很大。例如涨、跌 90% 时，结果价格为 19 元，连原价的五分之一都不到。

以上我们所举的都是具体数字的例子，恐怕有人看了不舒服，那么，不妨就来用点代数吧。

设原价为 1，涨、跌均为 x，已化为百分数。那么，先跌后涨，结果是

$$(1-x)\times(1+x)=1-x^2;$$

先涨后跌呢，结果是

$$(1+x)\times(1-x)=1-x^2。$$

你看，两者所造成的后果不是完全一样吗？

“水货”太多不像话

按照新的课程标准，0也算自然数。下图方盒子里把0，1，2，…，8，9前十个自然数都收齐了，但并没有按递增或递减的顺序排好。

1	7	0
		6
4	9	
		5
2	8	3

要求将方盒中的每个数字都用上一次而且只用一次，既不重复也不遗漏。允许插入简单的算术运算记号（越少越好），但不能使用括号，结果必须等于1。

书上给出的标准答案是：

$$\frac{35}{70}+\frac{148}{296}=1。$$

其实，答案是远远不止一个的，譬如还可以信手写出：

$$\frac{135}{270}+\frac{48}{96}=1；$$

$$\frac{1}{2}+\frac{3548}{7096}=1；$$

$$\frac{9}{18}+\frac{273}{546}+0=1;$$

如此等等。

虽然这只是一个小游戏，但也可以使原先考虑不够、仓促给出答案的人措手不及。

能不能变变花样，使结果等于$\frac{1}{2}$呢？

当然这也不难做到，譬如说：

$$\frac{9273}{18546}+0=\frac{1}{2};$$

$$\frac{9327}{18654}+0=\frac{1}{2};$$

等等，也还是不胜枚举的，真是“有0就灵”啊！

答案里头有如此之多的“水货”，难免使人皱眉头。于是有人建议，必须把0开除出去，用1，2，3，4，5，6，7，8，9九个“非0数字”来给出答案。

有问必有答，依旧可以找到很多答案，下面让我们随便写出一些来，例如：

$$\frac{5832}{17496}=\frac{1}{3},\qquad \frac{3942}{15768}=\frac{1}{4};$$

$$\frac{2973}{14865}=\frac{1}{5},\qquad \frac{4653}{27918}=\frac{1}{6};$$

$$\frac{5274}{36918}=\frac{1}{7},\qquad \frac{6789}{54312}=\frac{1}{8};$$

$$\frac{8361}{75249}=\frac{1}{9}。$$

值得指出的是：0是否应视为第一个自然数？世界各国的做法不尽一致，甚至许多发达国家也仍然因袭旧规，认为“一，数之始也”，“从1到无穷”而不是“从0到无穷”。

即使数学家们的看法也存在着很大分歧。国际数学家大会并没有硬性规定0必须是自然数，在可以预期的将来也不可能作出这种规定。

从一个小小游戏而引发出这样的争论，也许你根本没想到吧！

不要迷信百分比

如果你是当领导的，那么下面的事实将对你很有教育意义；即使你只是一名普通工作人员，它对你仍然有所启迪。总而言之，送给你一句箴言：“不要迷信百分比。”

有家开发公司，设有两个科室，办理各种业务。公司领导对各种开支抓得很紧，硬性规定每半年必须结算一次，以防患未然，杜绝浪费。

转眼之间，上半年过去了，会计送上来的报表中显示了两个科室之间的纵横对比。

某开发公司上半年出差费开支情况表

南方科				北方科			
办公费	出差费	份额	百分比	办公费	出差费	份额	百分比
50 万元	22 万元	$\frac{22}{50}$	44%	30 万元	12 万元	$\frac{12}{30}$	40%

这位负责人一看，皱了皱眉头：南方科出差费所占的百分比要比北方科来得大。不过他觉得南方生活费用较高，

也属情有可原，于是就把主管部门领导叫来，要他注意节约，还点了他一句："人家北方科比你们省得多啊！"

光阴荏苒，眼看快到年底，下半年的报表又送上来，公司领导二话不说，睁眼先看百分比。

某开发公司下半年出差费开支情况表

南方科				北方科			
办公费	出差费	份额	百分比	办公费	出差费	份额	百分比
50 万元	42 万元	$\frac{42}{50}$	84%	70 万元	56 万元	$\frac{56}{70}$	80%

仍然是南方科的百分比大，于是他把南方科科长找来，狠狠地批评了一顿。科长也只好哑巴吃黄连，垂头丧气地听训，无话可说。

谁知那位科长第二天跑到会计师那里抄了具体数字，根据全年情况也造了一张报表，呈报上来，让领导过目。

某开发公司全年出差费开支情况表

南方科				北方科			
办公费	出差费	份额	百分比	办公费	出差费	份额	百分比
100 万元	64 万元	$\frac{64}{100}$	64%	100 万元	68 万元	$\frac{68}{100}$	68%

在报表上明明算出：南方科的出差费明显低于北方科，因此效益较好。可是领导根本不相信。他想：上、下半年，南方科的出差费百分比都要比北方科大，全年合计肯定也大，这是铁一般的事实，不需任何计算都能成立的。然而，

无情的数字却不买领导的账。公司领导怀疑报表中的计算有误，可是横算竖算都表明表格中的数据千真万确。

也许你会说，这三张表格是在做游戏，不像是真的。哪有办公费和出差费都正好是齐头数（100 万，68 万，50 万等等）之理？

不等式怪现象

	南方科		北方科
上半年	44%	>	40%
下半年	84%	>	80%
全年	64%	<	68%

但是，反对理由不成立，因为我们可以对报表中的数据进行“精加工”，做得更加逼真一些，而矛盾仍然存在。由此可见，不等式的突然“逆转”，狠狠地教训了公司领导，使他认识到：盲目相信百分比，有害无利；凭常识、凭经验办事，有时候也许靠不住。

大吃一惊之余

一家玩具公司生产了一种能歌会舞又能招待客人的“智能娃娃”。为了打开销路，公司设计了4种产品，它们具有不同的式样和包装，并分别贴上*A*、*B*、*C*、*D* 4种商标，看一看到底哪种产品的销路最好。他们选择了4家规模和营业额等各方面条件都差不多的百货公司作为调查对象，要求这4家公司对上一年度4种产品的销售情况排定一个名次，哪种商标的货色最畅销，就定为第一名，然后依次排下去。

玩具公司销售科很快将4家公司送来的产品名次报表制成一张总的名次表（见下表）。

名次 玩具商标 百货公司	*A*	*B*	*C*	*D*
甲	1	2	3	4
乙	1	2	4	3
丙	1	4	2	3
丁	4	1	2	3
合计	7	9	11	13
总的名次	1	2	3	4

他们采取了非常直截了当的方法，将4家公司关于每种产品的名次加起来，以名次作为分数，如第一名就算1分，第二名就算2分。因此，凡总分最少的就是最畅销产品。从上面的表格可知，*A*是最畅销产品，*D*是销售量最少的产品。于是，公司销售科报请经理批准，决定明年大幅度生产*A*商品，而将*D*商品的产量大量削减。

不久，4家公司的年度销售报表又送来了。销售科又根据这4份报表制成了一张销售表（见下表），从表中可以清楚地看出这一年里“智能娃娃”的销售量。

销售量 玩具商标 百货公司	*A*	*B*	*C*	*D*
甲	600	570	550	540
乙	720	700	600	680
丙	800	580	760	740
丁	560	870	830	810
合计销售数	2680	2720	2740	2770
评定名次	4	3	2	1

经理看了表格后，顿时大吃一惊。原来，从表中的数字看，*D*产品销售量应是第一名，*A*产品销售量应是第四名，与前表中的名次正好相反。那么，问题究竟出在哪里呢？

其实，评定名次当然应以实际销售数为主。采用分头评定名次，然后再算总分的办法似乎合理，其实不过是个好玩的游戏，禁不起推敲，用 4 个字就可以概括，叫做“似是而非”。让我们借用《红楼梦》里刘姥姥的一句话：“您老拔一根汗毛，比我们庄稼人的大腿还粗啊。”这个老太婆的话虽说得很粗俗，却道出了个中原委，不能忽视。

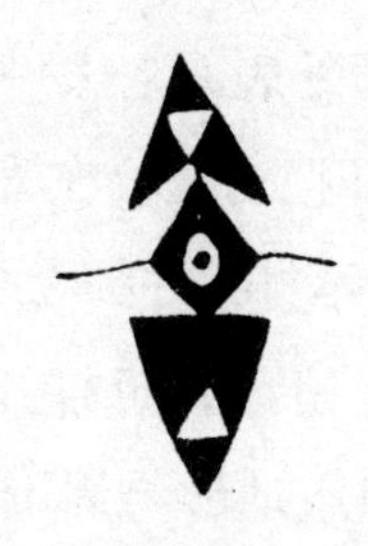

不走运的管理员

物业公司接管了办公大楼，派了专职管理员。装修刚完事，10 间办公室换了外表看上去一模一样的锁。装锁的工人下班回家了，把 10 把钥匙放在管理员的办公桌上。这样的事情见得多了，打不打招呼都无所谓。

第二天，管理员上班后，想打开办公室的全部门窗，一面搞搞卫生，一面熟悉地形与周围环境，却不知道哪把钥匙开哪扇房门。没有办法，他只好带上 10 把钥匙，一把又一把地试着开门。

管理员希望把试开的次数减到最低限度，但老天爷似乎存心同他作对。那天他特别不走运，在每扇门前，总是试到最后一把钥匙才开锁，真把他气坏了。试问管理员一共试开了多少次？

也许有人率尔作答："那还不简单，每把锁试开 10 次，当然要 100 次啰！"

这种回答，真是太不动脑筋了。他也不去想想，即使是先后试了10次之多的第一把钥匙，打开房门以后，就可用有颜色的笔记上对应的房间号码，从此把它放在一旁，再也不必试了。

第二扇门前，即使遇上最不利的情况，也只需要试9次，最后一次保证成功。于是，他也照样可用笔做好记号，把钥匙放在一边。

依此类推，用钥匙试开房门的次数越来越少，最多只要 $10+9+8+7+6+5+4+3+2+1=55$ 次，哪里需要100次呢？如果真的需要100次，那么此人的智商肯定特别低，恐怕物业公司要叫他“下岗”了！

总之，要以最好的打算，应付最坏的局面。

杰克的钱袋

运筹学家杰克有5只钱袋子，每只袋子里装着20个钱币。每个钱币的法定重量为10克，但只有3只钱袋里的货币符合规定。有一只袋子里的钱币每个重9克，而另一只袋子里却是每个重11克。

只要通过一次称量，杰克就能判定哪只袋子里的钱币轻了，哪只袋子里的重了。他有一台很好的磅秤，称出来的重量毫厘不差。

请问：他是怎么称的？

杰克把5只钱袋子贴上标签，称之为A、B、C、D、E，然后分别从5只袋子中取钱，取法如下：

在A中取1个；

在B中取2个；

在C中取4个；

在D中取8个；

在E中取16个。

请注意，这样一来，任意两只钱袋里钱币数目之差各不相同，它们是：

1，2，3，4，6，7，8，12，14，15。

加上正、负号我们将能得出20个差数，它们与这5只钱袋子里轻币、重币与合格货币的可能分布情况正好是一一对应的。

譬如说：

若A袋装着轻币而B袋装着重币，则称出来的总重量将是：

$$310-1+2=311(克)。$$

若A袋装轻币而C袋装重币，则称出来的总重量将是：

$$310-1+4=313(克)。$$

若D袋装重币而E袋装轻币则称出来的重量将是：

$$310+8-16=302(克)。$$

如果事先准备好一张表格，那就可以根据称量出来的结果，一下子指出哪只钱袋装着轻币，哪只钱袋装着重币，哪只是装着合格钱币的。

岂非一举识别真伪。

一个数据订合同

上海苏州河边的一家废旧厂房，被私人企业家马先生承包了，生意做得很红火。

不久前，装潢公司收到马先生来信，附来一张图纸，要求订立供货合同，计算工程费用。马老板在信中说，他打算专门划出一个区域，改建为一个环形画廊，向海内外收藏家征集展品，其中不仅有名家油画，还有钻石、珠宝、琉璃、鼻烟壶、金铜佛像等。

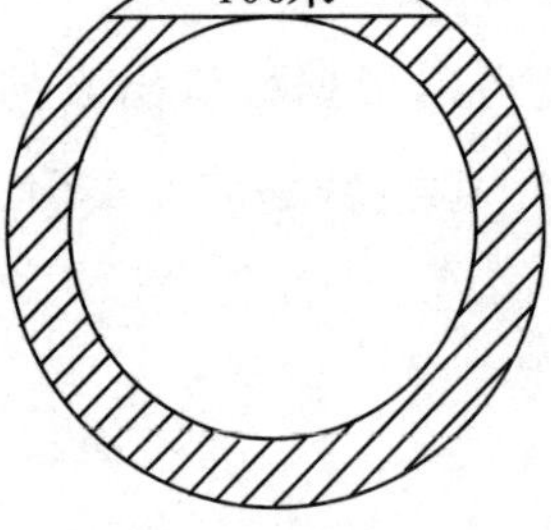

装潢公司的业务经理看到设计图（左图），不禁冒起火来。原来，图中只有一个数据——标出的尺寸是与内圆相切的弦长为 100 米。不知道圆环的面积，就无法得知要用多少地毯，至于工价，那更是无从谈起了。业务经理心想：马老板真是个十足的马大哈，难怪他要姓马了。

业务经理的想法错了，马先生虽然姓马，却不是一个马大哈。其实，图上虽然只有一个数据，信息量已经足够了。

有人用“量变到质变”的观点解释给他听：圆环的面积是外圆与内圆的面积之差；倘若内、外两圆同时缩小，使它们的圆半径之差保持不变，那么，当内圆的半径减小到0时，圆环就不成其为圆环，变成一个圆了，而此时的直径正好是弦长100米。所以，它的面积等于$\pi\times\left(\frac{100}{2}\right)^2$，也就是大约7854平方米（此处取$\pi$的近似值为3.1416）。用做画廊，这样的面积不大不小，非常合适。

不料业务经理听了这样的解释之后，还是似懂非懂。他坚持说：“我听不懂，也理解不了。我需要的是一种‘静态’的解释，否则，合同不能订！”

别急，别急！你要“静态”解释吗？这又有何难。让我来说给你听一听。

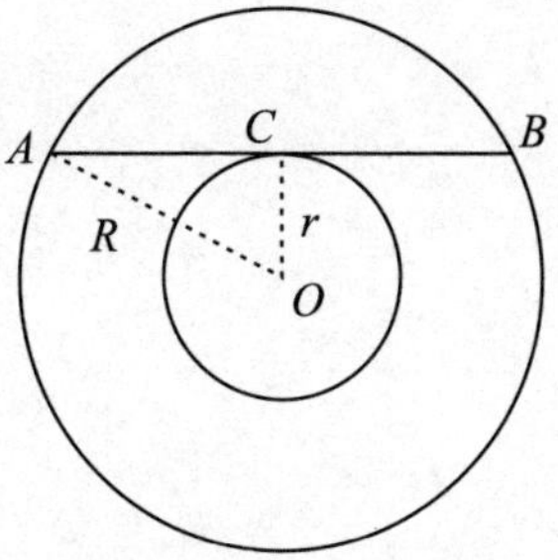

“如右图，设大圆半径为R，小圆半径为r，C是弦AB的中点，O为外圆与内圆的公共圆心，那么，$OC\perp AB$，$\triangle OAC$当然是直角三角形啰。根据勾股弦定理，R^2-r^2不就等于AC^2吗？

“而圆环的面积正好就是$\pi(R^2-r^2)=\pi\times\left(\frac{100}{2}\right)^2$，请

看，一个数据不是完全足够了吗?”

业务经理听了，恍然大悟，欢欢喜喜地签了合同。通过这个教训，他深感自己的几何知识严重不足，决心今后要好好补习，以使自己在今后的生存竞争中不处于下风。

空瓶能换多少酒

为了回收酒瓶，主要还是为了做广告，某酒厂公开登报声称：“本厂创业伊始，优惠让利，凡是购买本厂名酒的顾客，可用3只空瓶（瓶子造型很别致，极难仿冒）来换1瓶酒，决不食言。”

有位顾客对此深信不疑，认为这家酒厂在开始“创牌子”的时期，肯定是能够说到做到的，至于以后能否长期坚持下去，那就靠不住了。

于是他就去买10瓶酒，每天开怀畅饮，喝完之后，又拿空瓶去换酒。请问他一共可以喝到多少瓶酒？

这个问题容易解决，扳扳指头算一算就行。用9只空瓶换回3瓶酒，另1只空瓶暂时放在家里等待时机。3瓶酒喝光后，此时手头有4只空瓶，再拿其中的3瓶换得1瓶酒，喝光以后，家中尚剩2只空瓶。这时候按照厂方的规定，就换不到酒了。

于是你下结论说，用空瓶只能换回4瓶酒，此人从头到尾只能喝到14瓶酒。

但仔细想一想，似乎还有漏洞。因为他还有一个取巧办法，只要找朋友借1只空瓶，凑足3只空瓶以后，仍可换回1瓶酒。把酒喝光之后，再把空瓶还给朋友就是了。所以，他一共可以喝到15瓶酒。

于是，有的书上说，14瓶是不对的，正确答案应是15瓶。可是这样的说法存在着问题。因为，如果找不到喝酒的朋友呢？假使朋友不肯借空瓶呢？那瓶额外的酒不是仍旧喝不到吗？

这桩小事告诉我们一个真理：有时候，使用权几乎同所有权一样重要。

因此，在空瓶换酒问题上，必须立足于本身，即“自力更生”，不能指望别人发善心。

说实话，任何美酒喝10瓶也要倒胃口的，就像品尝西湖龙井或君山银针等一级名茶那样。所以，“空瓶换酒”问题很难认为是实事，只是个纸上游戏而已。

在一般情况下，人们已经推算出，如果当初买酒时，瓶数为奇数（奇数可用$2m-1$来表示)，则有函数表达式

$$f(2m-1)=3m-2。$$

如果当初买酒时，瓶数为偶数时（偶数可用$2m$来表示)，那么

$$f(2m)=3m-1。$$

倘若你当初买67瓶酒，则有$2m-1=67$，于是$m=34$，再代入公式算一算，便得

$$f(67)=3\times34-2=100(\text{瓶})。$$

结果是：采用空瓶换酒的办法，买67瓶酒，实际可以喝到100瓶，等于多喝一半，你该满意了吧！

夹心馅子

从前华罗庚先生写科普文章与小册子，特别喜欢用“从……谈起”这样的标题，例如《从杨辉三角谈起》等等，书名虽然朴实无华，却有着很深刻的内涵。现在不妨袭用华先生的故智，也来讲一个“从 2001 谈起”。

2001 年是 21 世纪的第一年，新的一千年开始了。用阿拉伯数字写出来是在 21 的中间夹两个零，有点像空心馒头。众所周知，21 是可以被 7 整除的，但是 2001 却不能被 7 除尽，未免遗憾。

有什么补救办法吗？让我们用中间加零的办法试试看。2 个、3 个、4 个、5 个，当我们加到 6 个零时，奇迹出现了，20000001 居然能够被 7 除尽：

$$20000001 \div 7 = 2857143。$$

兴许你认为那只是一种偶然的巧合。好吧，让我们再用别的数字代替零吧。现在，社会上有许多人对 8 特别“钟情”，我们不妨就用 8 来做个实验：

$$28888881 \div 7 = 4126983。$$

再换别的数字，仍然一试即灵。结论竟然是：在21的中间夹上6个清一色的数字，不管该数是0，1，2，3，4，5，6，7，8，9中的哪一个，统统都能被7整除。

不过，“夹心馅子”的奥妙远不止此。写这篇文章的那天是5月16日，也许人们会联想到516在中国当代史上是个相当不平凡的日子；但它早已成为往事，作为数字，它很不起眼，没有什么特色可言。这次，让我们把516作为馅子，并且再重复一遍，然后用25165161作被除数，结果怎样呢？你自己去试一试吧。

一次又一次的试验成功令人吃了一惊，因为这类数字实在太多了，统统都可以做“馅子”！令人不禁想起鲜肉、荠菜、韭菜等都是“包饺子”的材料，高级的还可用蟹黄、莲心，等等。

节律还可以再改变一下。譬如说，如果改用两位数38，再重抄两次，使之成为六位数后夹在21的中间，然后用23838381作被除数，7作除数，即可得出

$$23838381 \div 7 = 3405483。$$

“夹心馅子”当然也不限于六位，还可以是12位，18位，24位等。

除数也可以不限于7，譬如说，13也行，例如

$$10000003 \div 13 = 769231;$$

$$38484849 \div 13 = 2960373;$$

等等。

大概你会注意到，加在中间的“馅子”，不说是清一色也好，重复一遍或重复两遍也好，都必须是六位数。那么，不是六位数行不行呢？

行。只要所加的馅子是3，请特别注意：

$$3 = 2 + 1。$$

请看：

$$231 \div 7 = 33;$$

$$2331 \div 7 = 333;$$

$$23331 \div 7 = 3333;$$

$$233331 \div 7 = 33333;$$

$$2333331 \div 7 = 333333。$$

你看，中间所添的3，从一位数到五位数统统都行，没有一个不成立。至于添到六位，那么，上面早已说过了，不必重复。

在自然科学的教学中，不论是数学还是别的什么学科，最根本的是要培养学生的创造能力，使他们能主动发现大自然的奥秘。

从某种意义上来说，数学其实也是一门实验科学。在20世纪后半叶蓬勃发展起来的分形几何（号称大自然的几何学）中，已有无数颠扑不破的事实充分论证了这一点。

走马换将

下图是一个极其简单的棋盘，上面有8只棋子，4只白马和4只黑马。马的走法与中国象棋里头马的走法是相同的，而且格外“优惠”一点：可以不受“轧脚”的限制。譬如说，只要有空位，图上位于“1”的马，可以走到7或10处。

马(1)	马(2)	马(3)	马(4)
5	6	7	8
H(9)	H(10)	H(11)	H(12)

黑马用“马”来代表，白马用“H”（Horse）来代表

现在要求你用最少的步数，将图上的白马和黑马互相交换位置。

做这个游戏不难，因为人人都能不假思索地动手，随便乱走一通嘛！但要找到步数最少的解法，可是着实不简单，足以考验出一个人的机敏和才智。

解决的关键是要把人的观点转变为马的观点，站在马的“立场”上看问题。

从图上可以看出，对“人”来说，1 与 2 或 1 与 5 是“紧邻”；然而对“马”来说，1 的邻居却是 7 或 10，因为马走一步就能到达那里。

根据这个独特的视角，可以将原图加以“变换”，改绘为下面的图形：

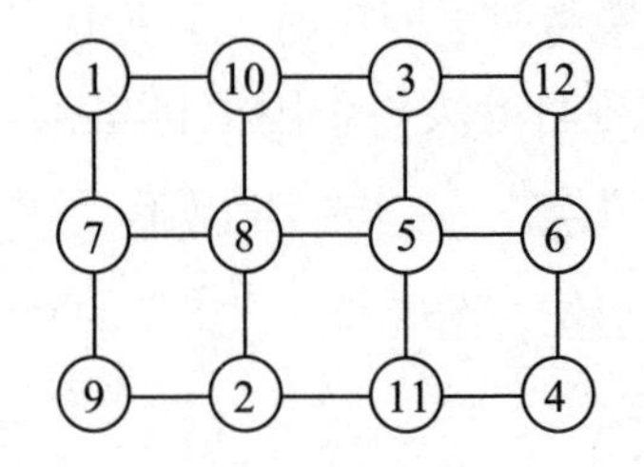

有了这个便捷的图形，马上就能得出下面的最优解了：

1→7，	10→1，
3→10，	12→3，
4→6，	11→4，
2→11，	9→2，
7→9，	6→12。

总共只需 10 步就达到了“走马换将”之目的。

连 胜 两 局

一对学者夫妻和他们十八岁的独生儿子都喜欢下象棋。有一天，儿子向父亲要钱，准备外出和同学欢度周末。

学者犹豫了一会儿后答道：“今天已经是星期三了，你要下局棋，明晚下一局，后天晚上再下一局。我和你妈妈轮流做你的对手，如果你能连续赢上两局的话，我就给你钱。”

“同谁先下，你呢还是妈妈?”儿子问道。

“那由你决定吧。”学者回答，一面不断地眨眼睛。

儿子知道，父亲的棋艺较精，妈妈要差些。他是应该选“父—母—父”的对局顺序呢，还是应该选“母—父—母”的顺序呢?

以上有关概率的小问题是加拿大阿尔伯达大学的数学家莫塞先生所提出来的。答案不可以只靠猜，一定要有证明才算数。

假定A的棋艺比B强，若你和他们下棋，如果目的是连赢两局的话，是 $A—B—A$ 的对局顺序胜算来得大，还是 $B—A—B$ 的胜算来得大?

若 p_1 是你可以赢 A 的概率，p_2 是可以赢 B 的概率，那么，输给 A 的概率是 $1-p_1$，输给 B 的概率是 $1-p_2$。

如果你选用 $A—B—A$ 的对局顺序，那么连胜两局的可能性有下列三种：

1）连胜三局，这种情况发生的概率是

$$p_1 \times p_2 \times p_1 = p_1^2 p_2;$$

2）先赢前两局，发生概率是

$$p_1 \times p_2 \times (1-p_1) = p_1 p_2 - p_1^2 p_2;$$

3）先输一局，然后连胜两局，发生概率是

$$(1-p_1) \times p_2 \times p_1 = p_1 p_2 - p_1^2 p_2。$$

将这三个概率相加，便得到

$$p_1 p_2 (2-p_1),$$

这便是你选 $A—B—A$ 顺序而连胜两局的概率。

如果改为 $B—A—B$ 的顺序，仿上讨论可知，三个概率之和将是

$$p_1 p_2 (2-p_2),$$

这便是选择 $B—A—B$ 的顺序并连胜两局的概率。

p_2 是儿子赢母亲的概率，p_1 是儿子赢父亲的概率，所以 $p_2 > p_1$，故而

$$(2-p_2) < (2-p_1)。$$

也就是说，$p_1p_2(2-p_1)$要大于$p_1p_2(2-p_2)$。因此，儿子为了获得较大的胜算，应该选择父—母—父的对局顺序。

除了概率分析之外，还有一种常识性的非数学证明（其实不能说“证明”，不过借用一下而已）。要连胜两局，儿子必须要赢第二局，所以第二局一定要和棋艺较差的对手下。另外，对付棋艺较高的棋手，他又一定非胜一局不可，所以一定要和他下两局以决胜负。由此可知，选择的顺序一定是父—母—父。

本问题是存在着争议的。因为，上述分析并未谈到“和棋”的情况。而事实上，在下象棋时，双方打成平局的情况屡见不鲜，这种概率是不容忽略不计的。

总之，对于一些数学游戏的分析，读者们一定要开动脑筋，不能完全相信书本上的结论。

评 定 分 数

某小学在一次摸底考试中出了 10 道是非题，每题 10 分。答卷办法规定为：如果学生认为题目中的结论或看法是对的，就答√，否则，就答×。

下面是 A，B，C，D 四个学生的答卷情况，其中 A，B，C 三个学生的分数已经批好。这时，校长忽然叫这位老师去讨论问题，因而暂时还没有评定，如下表。

答卷 题号 学生	1	2	3	4	5	6	7	8	9	10	得分
A	√	×	×	√	×	×	√	√	×	√	80
B	×	√	×	×	×	√	×	√	×	×	20
C	√	×	√	√	√	×	√	√	√	√	70
D	×	×	√	×	√	×	×	×	√	×	?

根据前面三个学生的得分，你看 D 应该得到几分？

这种类型的问题颇为常见，一般可用两两比较法加以解决。

先将 A 与 C 的答卷情况作一对比，仅有第 3，5，9 题答案不同，而 A 比 C 多出 10 分。由此可推出：在这三道题目中，A 答对了两题，C 只答对了一题。

再来看学生 B，他的得分很少，仅有 20 分。可是从他的答卷情况来看，第 3，5，9 题同学生 A 的回答一模一样，可见他所得的 20 分，即是答对其中两题所得之分。至于其他题目，B 全都答错了。

就此三题而言，D 与 C 的答卷情况相同，可见 D 也答对了其中的一题。

再比较 B 与 D 的答卷情况，可以判断 D 还答对了第 2，6，8 题，所以 D 共答对四题，应得 40 分。

不能减就算输

两人轮流做游戏，从21开始减去某个一位数，但这个一位数必须在左下的图形中选取，而且规定它必须与对方刚减过的数目相邻；已经用过的减数，下次不准再用。例如若对方减4，你接下去只能减1、5或7，不能减其他的数。就这样一来一往，轮流减数，直到出现不能减（即被减数比减数小，此时的差将是负数，而小学中低年级是不讲负数的）的情况，这时轮到谁走，谁就是失败者。

1	2	3
4	5	6
7	8	9

譬如说：

做游戏者	操作	答数
甲	21－1	20
乙	20－4	16
甲	16－5	11
乙	11－8	3

如果让你先走，要想取胜，该怎么办？

玩这个游戏，取胜的窍门是：必须减去图中心的那个数目，也就是5。

下一步，如果对方减去8，你就减去7。这样，对方再减时，就会出现不能减的情况。

若对方减去2，你就减去1，对方再减4，你就减7。这时，你就赢了。

若对方减6，你可减9，你又可获胜。此时差数为1，而1是最小数。

若对方减4，则你可减7。这时所得之差数为5，逼得对方只能减8。但5－8将得出负数，他又只能认输。

四种选择都已讲过，你总是赢家。

肥水不落外人田

在下面这个有趣的实验中，0 有点像扑克牌里的 A，起着双重作用：一方面，这是最大的牌，比老 K 还大；另一方面，它又比 2 小，是最小的牌。所以 AKQJ10 是最大的“顺子”，而 A2345 是最小的“顺子”。

在数学里，我们也有类似的“顺子”。先看左下图。

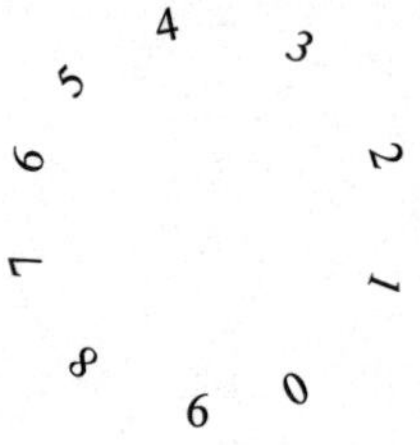

4 3 5 2 6 1 7 0 8 9

封闭式环龙

在图上，按逆时针方向旋转一周得到的形如 1234567890，4567890123 的叫“升龙”；按顺时针方向旋转一周得到的形如 9876543210，5432109876 的叫“降龙”。

在不改变顺序的情况下，任何一个数字都可以领头。这个领头数字起着关键作用，所以人们把它称为“领头羊”。可以证明：当两条“龙”的两个“领头羊”之和为 8、9、10 时，“升龙”与“降龙”的差是一条“混龙”。也就是说，结果仍旧不缺不重地包含了 0 ~ 9 这 10 个数字，只是顺序被打乱了，这便是题目所说的“肥水不落外人田”的意思了。

下面我们看几个例子：

“升龙”减“降龙”：

6789012345 - 2109876543 = 4679135802，

9012345678 - 1098765432 = 7913580246。

“降龙”减“升龙”：

8765432109 - 1234567890 = 7530864219，

7654321098 - 3456789012 = 4197532086。

当两个“领头羊”之和为 7 或 7 以下时，规律就被破坏了。我们也举例来看：

“领头羊”之和为 7：

6543210987 - 1234567890 = 5308643097。

“领头羊”之和为 5：

3456789012 - 2109876543 = 1346912469。

不过，在某些情况下，结果虽然不是“混龙”，却也非常有趣，例如：

6789012345 - 1234567890 = 5554444455，

6543210987 - 1098765432 = 5444445555。

发现了吗？结果中 4 和 5 平分秋色，个数相同。其实，数学和物理、化学、生物等学科一样，都是在不断地尝试中逐渐前行的。

拆开金链付房租

年轻的玛格丽特女士到欧洲去旅行，她想在意大利米兰的宾馆里租用一间套房，为期一周。办事员对她说：房钱每天200美元，要付现钞。若手头没有美元，那么英镑、欧元、瑞士法郎等其他硬通货也行，但要按当天外汇牌价折算另加手续费。

玛格丽特女士说："对不起，先生，我现在手头没有美元，要一周后才有。这样吧，我有一根金链，共7节，每节的价值都在200美元之上。我请珠宝匠把金链拆开，每天给你一节作为房租，等到周末有了美元之后再把金链赎回。"

好说歹说，办事员终于同意了这种折中的办法。

请问，这位年轻女士要每天付给宾馆一节金链，就非得要将整根金链一一拆开吗？要知道，把金链全部拆开是不好的，因为这将有损于它的价值。

其实，这位女士根本无此必要，她只需请工匠拆开一节就足够了！这一节应该是从一端数起的第三节。这样一来，把金链拆为 1 节、2 节和 4 节。分成三段之后，她可以把一段段金链换进换出，以此来交付房租，满足宾馆方面每天须付房租的规定。

第一天：付 1 节；

第二天：付 2 节，同时收回第一天的那 1 节；

第三天：把收回的那 1 节再付出去；

第四天：付 4 节，同时收回 1 节一段的和 2 节一段的；

第五天：再付 1 节；

第六天：付 2 节，收回第五天付出的 1 节；

第七天：付 1 节，这时整条金链都付出去了。

第七天晚上退房时，付出美元，收回整条金链。

令人头痛的卖金鱼问题

男孩安东尼非常喜欢养金鱼，为此他购买了大量参考书，造了暖房，添置了许多设备。但他后来兴趣日益减淡，打算把金鱼全部出售。安东尼前后共卖了5次，具体情况是：

第一次卖出全部金鱼的一半加$\frac{1}{2}$条金鱼；

第二次卖出剩余金鱼的$\frac{1}{3}$加$\frac{1}{3}$条金鱼；

第三次卖出剩余金鱼的$\frac{1}{4}$加$\frac{1}{4}$条金鱼；

第四次卖出剩余金鱼的$\frac{1}{5}$加$\frac{1}{5}$条金鱼；

第五次卖出剩余金鱼的$\frac{1}{6}$加$\frac{1}{6}$条金鱼。

现在只剩下9条金鱼了，暂时还找不到买主。毕竟安东尼养金鱼已有多年历史，朝夕相处，倒也有些不舍，于是最后又改变了主意，决定还是继续养下去，当然规模比从前大大减小了。

请问：当初安东尼共有多少条金鱼？要注意的是：在出售金鱼时是不能切割的，因此题目上所谓的$\frac{1}{2}$条金鱼、$\frac{1}{3}$条金鱼等，仅仅是纸上的游戏而已。

这个问题的数据凑得特别巧妙，请看：

安东尼原有金鱼59条，显然

$\frac{59}{2}+\frac{1}{2}=\frac{60}{2}=30$，　　$59-30=29$；

$\frac{29}{3}+\frac{1}{3}=\frac{30}{3}=10$，　　$29-10=19$；

$\frac{19}{4}+\frac{1}{4}=\frac{20}{4}=5$，　　$19-5=14$；

$\frac{14}{5}+\frac{1}{5}=\frac{15}{5}=3$，　　$14-3=11$；

$\frac{11}{6}+\frac{1}{6}=\frac{12}{6}=2$，　　$11-2=9$。

所以他各次出售的金鱼数分别是：

30，10，5，3，2。

既然是做游戏，你也不妨用经典的列方程解法去试一试。

设安东尼原有x条金鱼，那么他：

第一次卖出$\frac{x}{2}+\frac{1}{2}=\frac{x+1}{2}$（条），还剩下

$$x - \left(\frac{x}{2} + \frac{1}{2}\right) = \frac{x-1}{2}\ （条）；$$

第二次卖出$\frac{1}{3}\left(\frac{x-1}{2}\right) + \frac{1}{3} = \frac{x+1}{6}$，还剩下

$$\left(\frac{x}{2} - \frac{1}{2}\right) - \left(\frac{x+1}{6}\right) = \frac{x-2}{3};$$

第三次卖出$\frac{1}{4}\left(\frac{x-2}{3}\right) + \frac{1}{4} = \frac{x+1}{12}$，还剩下

$$\frac{x-2}{3} - \frac{x+1}{12} = \frac{x-3}{4};$$

第四次卖出$\frac{1}{5}\left(\frac{x-3}{4}\right) + \frac{1}{5} = \frac{x+1}{20}$，还剩下

$$\frac{x-3}{4} - \frac{x+1}{20} = \frac{x-4}{5};$$

第五次卖出$\frac{1}{6}\left(\frac{x-4}{5}\right) + \frac{1}{6} = \frac{x+1}{30}$，还剩下

$$\frac{x-4}{5} - \frac{x+1}{30} = \frac{x-5}{6}。$$

从而列出一元一次方程

$$\frac{x-5}{6} = 9,$$

$$\therefore \quad x = 59。$$

这还是分5步列等式得来的。倘若全部用一个式子来表示，那将更令人咋舌。真像是杀鸡用了牛刀，繁琐笨重的x，用起来实在是太麻烦、太不方便了。

数学的力量

有这样一个问题，要你利用两只容量分别为 13 升与 17 升的水桶，得出 15 升水。自来水龙头可以随时随地供应干净水，不受限制；并假定在倒进倒出时，操作十分谨慎，从未发生过损耗。

倒水或倒油问题在数学游戏里是个必不可少的课题。在我国，打从很远的汉代，就有了“韩信分油”的问题。

出人意料的是，这类问题却与不定方程的求解有着千丝万缕的联系。

对本题来说，相当于去求不定方程

$$13x+17y=15$$

的整数解。

由于 13 和 17 互质，可以先求出上面这个不定方程的通解：

$$\begin{cases} x=17k-8, \\ y=-13k+7。\end{cases} \quad （k\text{ 是整数}）$$

由此得出两组绝对值比较小的整数解：

$k=0$ 时，$\begin{cases} x=-8, \\ y=7; \end{cases}$

$k=1$ 时，$\begin{cases} x=9, \\ y=-6。 \end{cases}$

这两组解分别决定了两种倒进倒出的办法。

第一组整数解暗示着我们，在 17 升的桶装满水以后，要往 13 升的桶里倒，而后者在装满水后就倒掉。接着再把 17 升桶里剩下来的水倒到 13 升的桶里，然后再将大桶注满水，又往小桶里倒……就这样继续下去，但要记住一条守则：大桶只从水龙头下取水，注满后往小桶里倒，而且只有在倒空之后才能再接水；小桶不能直接从水龙头下注水，只能等待大桶里的水倒给它，而且只有装满一整桶水（13 升）以后才能倒掉。

照以上守则反复做下去，直到大桶在水龙头下注过 7 次水，而小桶倒空过 8 次之后，才能达到大桶内正好装 15 升水之目的。

全部过程可以用列表法给出，这样就可以省掉许多笔墨。

大桶（17 升）	17	4	4	0	17	8	8	0	17	12
小桶（13 升）	0	13	0	4	4	13	0	8	8	13

（接上页表）

大桶（17升）	12	0	17	16	16	3	3	0	17	7
小桶（13升）	0	12	12	13	0	13	0	3	3	13

（接上表）

大桶（17升）	7	0	17	11	11	0	17	15	15
小桶（13升）	0	7	7	13	0	11	11	13	0

这样一解释，你就会恍然大悟。原来，不定方程的第二组整数解 $x=9$，$y=-6$ 的“指导”原则，就是改由小桶负责从水龙头下取水，并从它倒向大桶且小桶只有全部倒完后才能再取水；而大桶则只能等待小桶倒水给它了。至于具体的倒水办法，相信聪明的读者一定能造出类似的表格来说明问题。

这样一来，自古以来似乎就很伤脑筋的分油或倒水问题就退化成“例行公事”式的机械照搬了，根本不用动脑筋，今后交给机器人去做就行了。

这就是不定方程的力量。说到底，也就是数学的力量。

弹子盘上的数学

怎样平分八斤油

下面是一个古老的问题：有一个装满 8 斤油的油瓮，另外还有两只空瓶，一只可装 5 斤，一只可装 3 斤。现在要将油瓮里的油，利用这两只瓶倒来倒去，平分为两个 4 斤。问应当怎样做?

据数学史记载，首先提出这个问题的人是 16 世纪的意大利数学家尼古拉·芳旦那（Nicola Fontana）。代数学上三次方程的一般解法，就是这位学者第一个研究出来的。对于上述问题，他的解法如下（共分 8 个步骤）：

（1）先从油瓮里倒 3 斤油装满小瓶；

（2）把小瓶里的 3 斤油倒入大瓶；

（3）再从油瓮里倒 3 斤油装满小瓶；

（4）再把小瓶里的油倒满大瓶，因为大瓶装满是 5 斤，所以小瓶里剩下1斤；

（5）把大瓶里的5斤油倒还油瓮里，这时油瓮里一共有7斤油；

（6）把小瓶里的1斤油再倒入大瓶；

（7）再从油瓮里倒3斤油装满小瓶，这时油瓮里就剩下4斤油了；

（8）最后把小瓶里的3斤油倒入大瓶，于是大瓶里也是4斤油了。

用弹子盘来解决

上面这种办法，好像完全是“凑”出来的；那么，有没有比较普遍的解法呢？

让我们举一个数字的例子来说明。有一只油坛，里面装着许多油，还有两只空油瓶，一只可装7两，另一只可装11两；限定只能用这两只瓶作为量器，允许倒来倒去，问怎样才能恰好“称”出2两油来？

这个问题自然可以用代数办法来解决，但是1939年一位数学家想出了一个无比巧妙的方法：设想有一个内角为60°的平行四边形弹子盘，一边长7个单位，另一边长11个单位；为了便于看出弹子的撞击路线，在盘内划分出许多小的正三角形，并在各条边上注明长度单位。

现在开始打弹子了（见图3－1）。从左下角开始，沿着

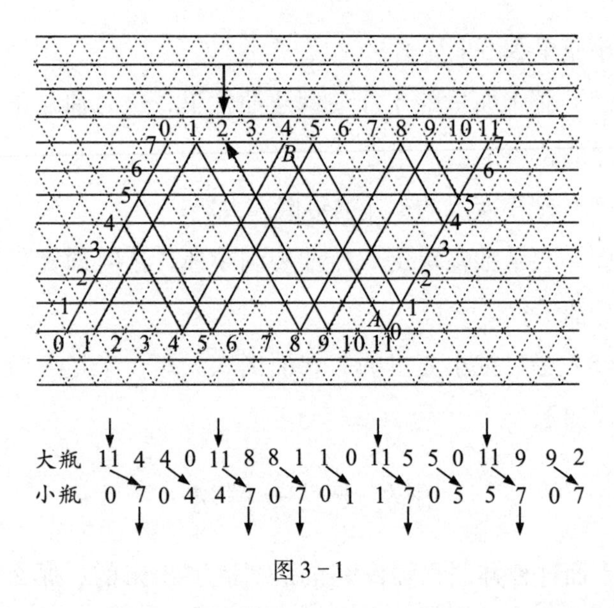

图 3－1

底边（边长为 11 个单位的一边）打，这样，弹子就到达了图上的 *A* 点，此点的坐标是（11，0）；它的意思便是：从油坛里倒出 11 两油来装满大瓶。

弹子撞着了壁，就要碰回来，弹子便从 *A* 点到达了图上的 *B* 点，坐标是（4，7）；它的意思是：从大瓶里倒出 7 两油来装满小瓶，这时，大瓶里还有 4 两油，而小瓶里有 7 两油。这样我们容易看到，第一个坐标便是大瓶里装油的数量，第二个坐标是小瓶里装油的数量。

以下不必多说，读者完全可以按照弹子在各边上的位置，翻译成日常的语言，得出相应的倒油步骤。这样，经过 18 步之后，弹子到达了图上的（2，7）这一点，这时大瓶中恰剩下2两油，满足了问题的要求。

为了读者参考的方便，我们在图3－1下印出了倒油的步骤。这里斜的箭头表示油从大瓶倒到小瓶，大瓶上面的箭头表示油从油坛倒入大瓶；小瓶下面的箭头表示油从小瓶倒回油坛，数字是油的两数。

对本问题来说，上面这个18步的解法还不是最简单的。那么怎样才能找出最省事、最便捷的办法来呢？仍然可以用“打弹子”的办法来寻找答案，不过，这一次我们换一种打法，就是把弹子从左下角沿着边长为7个单位长的一边打去，然后观察弹子的经过路线，以确定相应的倒油办法。这一次，我不再把图画出来了，聪明的读者，请你们自己去试一试，你们将会看到，这一次只要14步就能达到目的。而14步，正是这个问题的最优解，再少步骤是不可能的了。因此，我们看到，“打弹子”的办法不仅给出了问题的巧妙解法，而且还能找到它的最佳解法！

了解这种解法以后，就可以回过来谈谈开始所提到的平分8斤油的问题。图3－2是根据题意画出的弹子盘。如果打弹子从左下角开始，沿着边长为3个单位的一边打去，我们就可得到前面所作的解法，总共是8个步骤。但是，如果打弹子是从左下角开始，沿着边长为5个单位的一边打去，如图3－2所示那样，那就只要7步，比前面所讲的办法更简单。

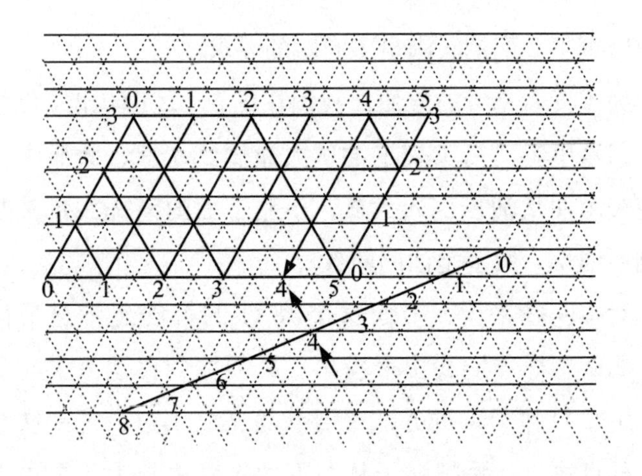

图 3-2

几 点 说 明

“弹子盘”还继续告诉我们一些有趣的事实：

（1）在三只瓶倒来倒去的情况下，当较小的两只瓶的容量是互质数，最大一只瓶的容量等于或大于两瓶容量之和时，可以用倒来倒去的办法，称出 1 两、2 两、3 两，一直到中间那只瓶的容量的油来。例如，有 3 只瓶，分别可装 15、16 与 31 两油，这时由于 15 与 16 是互质数，并且 31 等于 15 与 16 两数之和，所以可以“称”出 1 两、2 两、3 两，一直到 16 两的油来。

（2）当较小的两只瓶的容量不是互质数时，用倒来倒去的办法，就不一定能“称”出 1 两、2 两……直到中瓶容量的油来。例如三只容量分别为4、6、10两的油瓶，随便怎么倒，总“称”不出7两（或其他奇数）油来。

（3）当较小的两只瓶的容量是互质数，而最大的一只瓶的容量小于两瓶容量之和时，例如三只瓶的容量各为7、9、12两，这时需要将“弹子盘”割去一只角（图3－3），然后再用打弹子的办法解决。这只角如何切呢？因为横坐

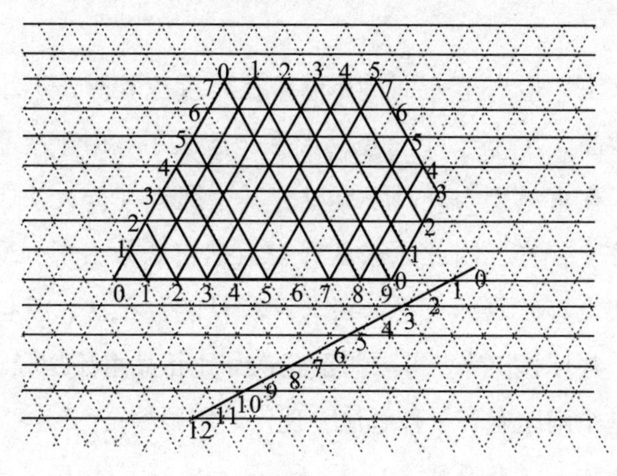

图3－3

标代表中瓶装油量，纵坐标代表小瓶装油量，当中瓶装9两时，小瓶最多装3两（因大瓶中总共只有12两油），此时的坐标是（9，3）；如中瓶装8两，小瓶最多4两，坐标是（8，4）；同理其他坐标是（7，5），（6，6），（5，7）。因此我们就将这5个坐标点以外的部分切去，如图3－3。从图中可以看出，在这种情况下，除去6两以外，从1两到9两之间的任何一档都可以“称”出来。

天平秤找次品

某工厂生产了一批乒乓球，在质量检验时，不小心把一只次品乒乓球与11只正品混在一起去了。由于次品乒乓球除了在重量上与正品不同外，其余属性（如大小、外貌等）完全一样，因此无法从外表上把它区分出来。现在只有一架没有砝码的天平，要求读者只能称三次，就把这只次品乒乓球找出来，并要弄清楚次品比正品重还是轻。

这个问题有若干种解法，现仅介绍两种：

解法一（普通解法）：

为了方便，将这12只乒乓球编成①、②、③、④、…、⑫等12个号码。

第一次称，先将12只乒乓球任意分成三组，每组4只，然后把任意两组置于天平两端（如①、②、③、④和⑤、⑥、⑦、⑧），天平就有平衡和不平衡两种情况。

一、天平平衡。则次品就在⑨、⑩、⑪、⑫这一组中。这时可以把⑨、⑩、⑪、⑫中的任两只（如⑨、⑩）放在天平的一端，另一只（如⑩）和一只正品放在天平的另一端进行第二次称。它也有平衡和不平衡两种情况：

（一）天平平衡。则⑫就是次品，把⑫和一只正品在天平上进行第三次称时，就能决定⑫比正品重还是轻。

（二）天平不平衡。次品就在⑨、⑩、⑪之中。假设天平左重右轻（图3－4左图，图中的黑球表示正品，余同）。将⑨与⑩对换，并把对换后的⑩再与另外一个正品对换。这时有三个可能：1. 天平变成平衡，则⑩就是次品，且比正品轻（图3－4右图）；2. 天平不变（仍是左重右轻），则⑪就是次品，且比正品重（图3－5左图）；3. 天平变成左轻右重，则⑨就是次品，且比正品重（图3－5右图）。

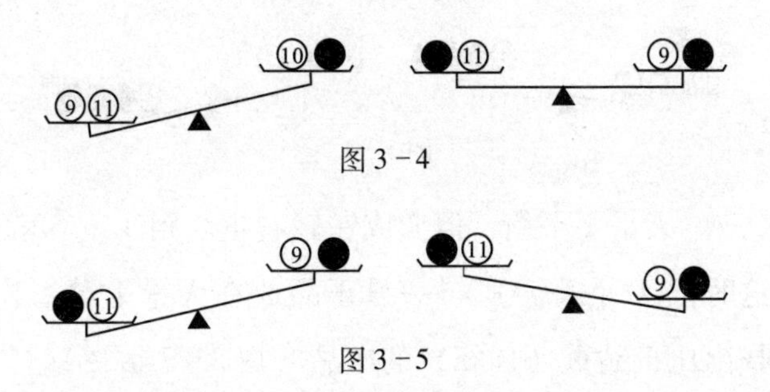

图3－4

图3－5

二、天平不平衡。次品就在第一组（①、②、③、④）或第二组（⑤、⑥、⑦、⑧）中。设天平左重右轻（图3－6左图）。把天平重端的任意三只（如①、②、③）与天平轻端的任意一只（如⑤）放在天平的左端，天平重端剩下的一只（④）与三只正品放在天平的右端，进行第二次称。

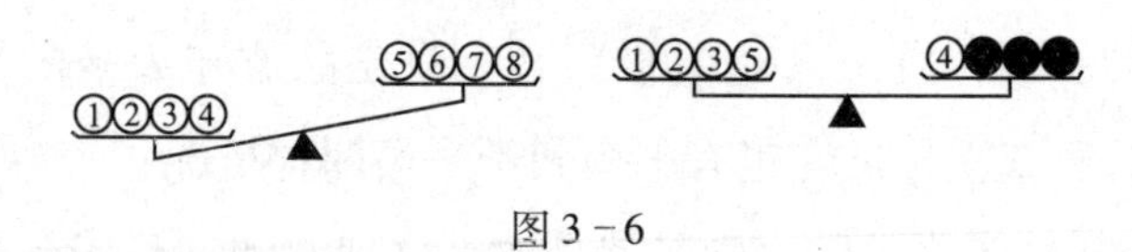

图3－6

这时也有三种可能：

（一）天平平衡。则次品就在⑧、⑥、⑦中，且比正品轻（图3－6右图）。把⑧、⑥、⑦中的任两只（如⑧、⑥）放在天平上进行第三次称，如天平平衡，则⑦就是次品；如天平不平衡，轻的一端那一只就是次品。

（二）天平不平衡，仍然是左重右轻。则次品就在①、②、③中，且比正品重（图3－7左图）。按上面方法在第三次称量中就能找出那只比正品重的次品乒乓球。

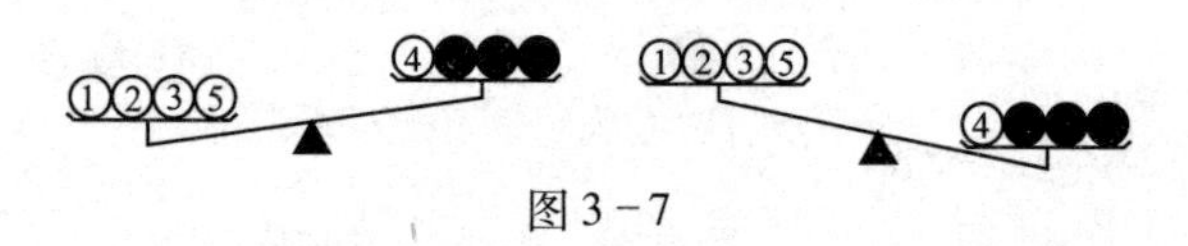

图3－7

（三）天平不平衡，但变成左轻右重。则④或⑤就是次品，这时把④（或⑤）与一只正品放在天平上第三次称，就能找出比正品重（或轻）的次品（图3－7右图）。

解法二（三进制法）：

采用三进制来解决这个问题具有突出的优点。因为三进制的0、1、2三个状态正好对应于天平的三个状态：平衡、左重和右重。为了把0、1、2三个状态与天平的三个状态按题目需要对应起来，必须进行编码。先把十进制中的1至12分别用三位三进制来表示，即1→001，2→002，3→010，4→011，5→012，6→020，7→021，8→022，9→100，10→101，11→102，12→110。其中，001，010，011，012用粗笔写，其余均用细笔写。然后，再将0与2、粗字与细字对换，这样就组成了符合题目需要的12个粗字和12个细字的两组编码（如图3-8）。这样，表示天平平衡状态的0、1、2三个数，在每组编码中都具有同等的地位，即12个粗字（或细字）一组的数字中的第一位、第二位和第三位数字，均有4个0、4个1、4个2。编码后，把这12个粗字和12个细字码分别写在乒乓球的上面和下面。

十进制	三进制	0与2、粗字与细字互换后
1	**001**	221
2	002	**220**
3	**010**	212
4	**011**	211
5	**012**	210
6	020	**202**
7	021	**201**
8	022	**200**
9	100	**122**
10	101	**121**
11	102	**120**
12	110	**112**

图3-8

第一次称：取粗字编码中第一位数是“0”的4只放在天平的左端，第一位数是“2”的4只放在天平的右端。如天平平衡，便可肯定表示次品编码的第一位数是“1”；如果天平左重，设次品比正品重（第二、第三次称时也这样假设），则次品编码第一位数是“0”，反之，次品编码第一位数是“2”。

第二次称：将粗字编码中第二位数是“0”的4只放在天平的左端，第二位数是“2”的4只放在天平右端，其判别法与上相同，可决定次品编码的第二位数。

第三次称：把粗字编码中第三位数是“0”的4只放在天平左端，第三位数是“2”的4只放在天平的右端，其判别法同上。同样可决定次品编码的第三位数。

经过三次称量，根据天平的平衡与下落情况，就可以决定次品的编码。然后，先在粗字编码中寻找这个数字，如果找到的话，这只乒乓球就是次品，并且确实比正品重；如果找不到，那么必定可以在细字编码中找到，这说明我们前面假设次品比正品重是不对的，它应比正品轻。

例如，第一次称量结果是右重，第二次是左重，第三次平衡，则次品编码就是“201”；而“201”正好在粗字编码中，所以次品比正品重。再如，三次称量结果分别是左重、右重、平衡，则次品编码是“021”；而“021”正好在细字编码中，所以次品比正品轻。

数学是大课堂

欲 盖 弥 彰

下面记录一段甲、乙两人的对话。

甲说："你可以任意选定一个多位数，例如家中的电话号码、超市购物的发票号码等，然后用它减去这个多位数的各位数码之和。显然，所得之差数仍然是个多位数。

"下一步，你可以随心所欲地把这个多位数打乱（注意：只能是重新排列，其中所含的数码一个都不能丢失）。有人说，这类数目原本已经很乱了，不打乱行不行？当然可以，原封不动也不碍事。然后，要加上31。

"在新数中，除了9以外可以任意砍掉一个数码，再把剩下来的各位数码之和告诉我。这时，我能在顷刻之间说出被砍掉的数码究竟是几，速度之快，完全出人意料，你信不信？"

乙对甲所说的话半信半疑，当下便认定了一个八位数的电话号码85394684，其各位数码之和等于47，把它从原数中减去，便得出：

$$85394684 - 47 = 85394637。$$

接着，把此数任意打乱，变成 94675338，搞得“面目全非”，再加上 31，就得：

$$94675338 + 31 = 94675369。$$

砍掉 7 之后，剩下来的 7 个数码之和为

$$9 + 4 + 6 + 5 + 3 + 6 + 9 = 42。$$

想不到的是，甲一听到乙告诉他的信息 42 之后，连眼睛都没有眨一下，就轻描淡写地回答：“被砍掉的数码是 7。”

这个游戏接连玩了好几次，甲做起来总是得心应手，十分灵验。于是，乙请他指点秘诀。甲也爽快地告诉了乙，“竹筒倒豆子”，没有丝毫保留。

甲说：我在听到你报给我的数目之后，先把它减去 4：

$$42 - 4 = 38,$$

紧接着立即去思考，比 38 大一点，而与它靠得最近的 9 的倍数，那当然是 45 了。由于

$$45 - 38 = 7,$$

从而立即猜出，被砍掉的数码肯定是 7。

为什么要先减 4？这个道理也挺简单，因为 31 的“根数”便是

$$3 + 1 = 4。$$

本游戏是根据“弃九法”的原理来设计的。至于加上

31，那不过是故弄玄虚，增添几分神秘感与模糊性而已。不用31，换成其他数目也行。不过，猜的时候也要减去与它相对应的“根数”了，这也就是“水涨船高”呀。

为什么要作出硬性规定——不能砍9呢？这个道理请大家自己开动脑筋想一想，也是不难明白的。

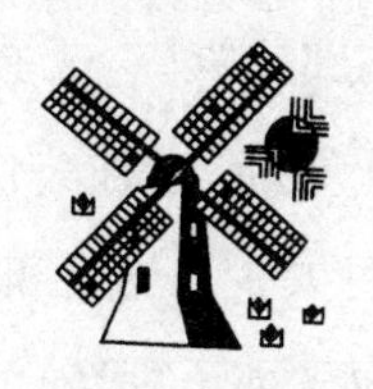

鸡兔同笼

在李渊、李世民、李治（唐高祖、太宗、高宗）祖孙三代当皇帝的唐朝初年，作为教科书的有《孙子算经》、《夏侯阳算经》和《张邱建算经》。现在，上海图书馆中收藏着宋朝刻本的《孙子算经》，被公认为古籍中的善本，非常珍贵。由于考证资料太少，这三部书的作者和编写年代都不甚清楚。虽然名为《孙子算经》，但该书的作者是否姓孙，谁都不能确定，只知道大约成书于公元400年左右，相当于中国历史上的南北朝时期。

《孙子算经》里有一道对后世极有影响的趣题，原文如下：

今有雉兔同笼，上有三十五头，下有九十四足。问雉、兔各几何？

由于汉高祖刘邦的妻子吕后名字叫“雉”，后世为了避讳，就把“雉”这种动物改称“野鸡”。改朝换代之后，这种禁忌完全没有必要了，“野鸡”的那个“野”字，也就可以取消了。于是，一般提到它时，就简称为“鸡兔问题”。

这道题目的意思是说：现有一些鸡和兔，关在同一只笼子里。从上面看，共有35个头；从下面看，共有94只脚。试问有多少只鸡，多少只兔子？

解决这个问题，通常用的是置换法。先假定笼子里头全是鸡，那么应当有70只脚。但是现在实际上有94只脚，相差24只脚。

如果拿1只鸡换1只兔，那么头数不动，脚数要加上2。由此可见，若想加上24只脚，需要换进12只兔子。既然共有35只动物，从而鸡有35 - 12 = 23（只）。于是算出了答案：笼中共有鸡23只，兔子12只。

不难看出，以上所说的思路是有普遍性的；不但适用于鸡和兔，也适用于仙鹤和乌龟（在日本等东北亚国家，鸡兔问题就称为“鹤龟算”）、鸵鸟与大象等别的两脚和四脚动物。

然而，《孙子算经》里不用置换法，而是提供了另外一种奇妙解法，原文如下：

术曰：上置头，下置足；半其足，以头除足，以足除头，即得。

特别是“以头除足，以足除头”这句话，极有几分幽默之味，古文不好的人简直读不懂。其实，这里所谓的“除”并非除法的“除”，而是“减”的意思。

如果用白话文加以解读，那么《孙子算经》的解法实际上就等同于下面的操作：

取脚数 94 的一半，得 47；

用脚数之半 47 减去头数 35，得 12，这就是兔子的只数；

再拿头数 35 减去兔子的只数 12，得 23，即为鸡的只数。

看来，《孙子算经》的作者自己解此题时，用的就是现在的方程组算法：

设 x 为鸡数，y 为兔数，则

“上置头”　便是 $x+y=A$，

“下置足”　便是 $2x+4y=B$；

“半其足”　便是 $x+2y=\frac{1}{2}B$，

“以头除足”　即为 $y=\frac{1}{2}B-A$，

“以足除头”　即为 $x=A-y$。

当代著名数学教育家波利亚教授，在他的权威著作《数学发现》里对此解法极为推崇，赞扬备至。

设想笼子里所有的鸡都提起一条腿，集体表演“金鸡独立”，所有的兔子都是两条后腿落地，跷起前腿。这时，每只鸡落地的脚数为 1，就是头数；每只兔子落地的脚数是

2，等于头数加1。

所以，总脚数的一半与总头数的差，是一定等于兔子只数的。请看，古人把“一一对应”原理运用得多么得心应手，多么神乎其神。

看来，数学不论深浅，要想取得重大进展，是少不了“顿悟”与巧思妙解的。

常败将军坐首席

改革不配套，比不改还要糟。北宋大政治家王安石变法失败的教训，人们必须认真记取。

即使是小小的足球比赛，计分办法也是由来已久，行之有效的，绝不是轻易可更改的。不久以前，英国有几位体育界头面人物，有鉴于通常足球比赛中的"常见病"，即踢进数球后的胜者自以为"大局已定"踢得有气无力，使比赛出现十分无精打采的场面。于是他们联合提出，一定要改革计分办法。

经过深思熟虑之后，他们提出的办法是：每打胜一场，获胜的球队可得10分，失败的一方当然是无分可得。踢成平局时，双方各得5分。另外，不论哪一方每攻进一球，就得一分。体育界权威人士满以为，通过这样的改革计分，凡是进球越多者得分也会越多，场上的疲沓局面将有可能得到根本改变。看来，这种新计分办法有利无弊，必将得到观众的热烈拥护。

岂知，实际情况并不如此，老天爷好像存心同他们过不去。有一次，某轮比赛的结局竟然出现了一个不可思议的情况。有 A、B、C、D 四个球队参加了比赛，结果如下：

A 胜 B：16 比 15；　　A 胜 C：2 比 1；

A 负于 D：1 比 2；　　B 负于 C：16 比 17；

B 负于 D：14 比 15；　　C 与 D 打平：1 比 1。

按照通常的观点：A 队二胜一负，C 队一胜一负一平，D 队二胜一平，而 B 队则是三战皆负。因此，名次自然应当排列为：

D 第一，A 第二，C 第三，B 第四。

但是，如果按照“改革”后的计分办法，各队的得分应当是：

A：$20+16+2+1=39$；

B：$15+16+14=45$；

C：$10+5+1+17+1=34$；

D：$20+5+2+15+1=43$。

于是，按照得分多少，排名次序应该是：

B 第一，D 第二，A 第三，C 第四。

三战三败的球队，反而名列榜首，岂非常败将军是老大吗？试问，这种改革还能用吗？于是，体育名家的建议遭到了彻底否定。他们也自觉“脸上无光”，主动撤回了建议。

5分钟内挑出埃及分数

埃及同中国一样，也是世界上有名的文明古国。大金字塔、狮身人面像等，都是埃及人民在四五千年之前建造的，真了不起！

埃及人处理分数运算与众不同，他们一般只使用分子为1的分数，例如用$\frac{1}{3}+\frac{1}{15}$来表示$\frac{2}{5}$，用$\frac{1}{4}+\frac{1}{7}+\frac{1}{28}$来表示$\frac{3}{7}$，等等。

现有100个埃及分数：

$$\frac{1}{2},\ \frac{1}{3},\ \frac{1}{4},\ \cdots,\ \frac{1}{99},\ \frac{1}{100},\ \frac{1}{101}。$$

要求你从中挑出10个，使它们的和等于1。这项任务，限你在5分钟之内就要完成，你能做到吗？

如果你心中无“数”，盲目地瞎撞一通，那肯定是会一次又一次地失败的。

有什么窍门没有？办法是一加一减，例如我们可以这样考虑问题：

$$1=1-\frac{1}{2}+\frac{1}{2}-\frac{1}{3}+\frac{1}{3}-\frac{1}{4}+\frac{1}{4}-\frac{1}{5}+\frac{1}{5}-\cdots-\frac{1}{10}+\frac{1}{10},$$

然后添上括号，便得到

$$1=\left(1-\frac{1}{2}\right)+\left(\frac{1}{2}-\frac{1}{3}\right)+\left(\frac{1}{3}-\frac{1}{4}\right)+\cdots+\left(\frac{1}{9}-\frac{1}{10}\right)+\frac{1}{10}。$$

这时，我们又可以发现规律：

$1-\frac{1}{2}=1\times\frac{1}{2}$，

$\frac{1}{2}-\frac{1}{3}=\frac{1}{2}\times\frac{1}{3}$，

$\frac{1}{3}-\frac{1}{4}=\frac{1}{3}\times\frac{1}{4}$，

……

掌握了这一规律以后，于是很快就能挑选出 10 个符合题意的分数，它们就是

$\frac{1}{2}$，$\frac{1}{6}$，$\frac{1}{10}$，$\frac{1}{12}$，$\frac{1}{20}$，$\frac{1}{30}$，$\frac{1}{42}$，$\frac{1}{56}$，$\frac{1}{72}$，$\frac{1}{90}$。

说是五分钟内完成任务，真是一点都不夸张。而且，也不限定 10 个分数，7 个、8 个也行，12 个、13 个也行，

可以大小由之，左右逢源。

所谓一加一减，其实就是恢复原状，即加上或减去0。恩格斯曾经说过一句很精辟的话："0比其他一切数有着更丰富的内容。"这句话值得人们深思！

圆周率的巧算

古今中外都有许多数学工作者为计算圆周率呕心沥血，有的甚至把一生光阴全部扑到它上面去；研究出来的方法也是千奇百怪，无所不有。

2002 年 12 月，利用 144 台电脑通过高速通信线路联网算出了 12411 亿位的 π 值，真是一个“惊天大数”！如果一秒钟读一位数，那么把它们全部读毕，大约需要 4 万年。

如果把它们全部写到厚 0.1 毫米的纸上，而且每张纸能写 1 万位，则把它们全部写完时，这些纸张堆起来的高度将达到 12411 米，比世界最高峰——珠穆朗玛峰大约还要高出 45%。

从古迄今，人们对圆周率总是存在着不少误解。譬如说，以往总是根深蒂固地认为，想要知道 π 的第 d 个数字，就必须算出 d 以前的一切数字。但这种思维定式现在已经打破。由美国和加拿大三位数学家所发现的 *BBP* 公式，完全打破了传统的算 π 法，用它可以计算 π 的 16 进位制数字

的任意第 d 位数字，而不必去算它前面的（$d-1$）位。

π 的反正切函数表达式与无穷级数、无穷乘积乃至连分数表达式都极为众多，无法一一列举。

当然，这些对一般读者来说都未免太深了一些。下面让我们来介绍两个极简单的。

第一个式子是：先把 1，2，3，4 四个最普通的数排成一个四位数 2143，然后除以 22，再将所得之商开 4 次方，即

$$\sqrt[4]{\frac{2143}{22}} \approx 3.141592653\cdots$$

其准确度几乎达到 10 位，令人十分满意了。

第二个办法是利用袖珍电子计算器，你不妨做一个游戏：

$1.09999901 \times 1.19999911 \times 1.39999931 \times 1.69999961 \approx 3.141592573\cdots$

每一个因数都是对称的（如果不考虑小数点，它们实际上是回文数），所以十分好记。相信它一定会长久地在你的脑海里盘桓，久而久之，也会使你的“硬件”变得越来越聪明。

四则运算猜英语单词

下面这则别开生面的算术游戏在我国几乎从未见过，它是本书作者从英国人所写的教科书中选出来的，但它完全可以移植到我国。最近，据上海某家大报说，我国目前学习英语的人已经超过了3亿多，并且还在继续增长，不久将超过以英语为母语的英、美、加拿大等国家的人口总和。然而，我国学习英语的人数虽多，问题却不少，花时极长，而效果并不理想。

语、数、外历来在中小学里被视为主课，但大都是“各家自扫门前雪”，老死不相往来。英国作家亨德逊异想天开，用袖珍计算器来做四则运算，从而认识并记住英文单词。众所周知，这种袖珍计算器，性能相当可靠，价格又非常便宜，而且到处都能见到。

下面请大家来看几个例子：

1. 3.0079 - 2.2345

猜一个常用的问候语。

答案自然是0.7734，把它颠倒过来一看，便是hELLO（哈喽）了。

2. 3697 + 1811

提示：白领职员的顶头上司。

还是先用计算器求和，得出5508。倒过来看计算器上的屏幕，答案自动出现，原来是

BOSS

请注意字体略有微小差异，但仍极易识别，答案为BOSS（老板）。

3. 309380 ÷ 4

提示：在海滩上能拾到的东西。

做法同上类似不必再解释了。答案是先算出商数77345，然后由它猜出相应的英文单词为

ShELL（贝壳）

4. 500 × 11 − 162

提示：一种咬人的昆虫。

运算的结果是5338，相应的英文单词为

BEES（蜜蜂）

亨德逊富有创新意识，他主编的教材后来竟成为市场上的畅销书了。

方盘改数游戏

先请一位观众在黑板上写下一个七位数，而且是不能被7整除的，例如4381659。小魔术师就说他现在可以露一手，将这七位数动点“小手术”。不仅如此，他还能一口气写下7个七位数，它们统统都能被7除尽。

怎样在正方形盘上只做一次修改，使不能被7整除的数修改成7个可以被7整除的数?

第一步，把观众写下的七位数在一个$7\times7=49$格的方形盘子内连写7遍。不过，第一遍不要写最后一位，第二遍不要写最后第二位，……就是说，每一个数都要有一个空位，即下页表上的A，B，C，D，E，F，G。在表演时，这7个方格都是空白的，以便于填写数字。

4	3	8	1	6	5	*A*
4	3	8	1	6	*B*	9
4	3	8	1	*C*	5	9
4	3	8	*D*	6	5	9
4	3	*E*	1	6	5	9
4	*F*	8	1	6	5	9
G	3	8	1	6	5	9
4	3	8	1	6	5	7
4	3	8	1	6	2	9
4	3	8	1	5	5	9
4	3	8	3	6	5	9
4	3	4	1	6	5	9
4	4	8	1	6	5	9
2	3	8	1	6	5	9

原来的数4381659是除7余2的，所以在A格里一定要以7来代替9，这样才能使它被7除尽。A格里的数一旦找到以后，其他空格中的数就可以迅速找出。第二排最后两位是B9，而它们上面是57；由于57被7除时余1，所以B9被7除时也应余1，当然B一定是2。其他空格里头数的填法与此类似。用同样的方法一步步做下去，很快就得出了上表方阵中的各个七位数。

被7整除的测试法本来就不简单，难怪小魔术家的游戏能使许多行家里手也由衷地钦佩了。

平方数的速算

速算是一种优秀的素质，但它是可以人工培训的。经常运用的话，人也可以变得越来越聪明。

为什么有人能一口气说出某些两位数的平方，不需要任何工具（算盘、袖珍计算器、电脑都不用，甚至连纸和笔都不需要）？

原来，对某些自然数区间来说，有些心算法能非常快速而有效地报出它的平方数。例如要求 40 到 60 之间的平方，计算时可以用 25 加上超过 50 的“过剩数”或不足 50 的“亏损数”，并在此结果的后面串联上过剩数或亏损数的平方。例如，对 54^2 而言，此时的过剩数是 4，加上 25 以后得出 29，再在其后面串联上 4 的平方 16，于是马上得出 2916，它就是 54 的平方了。

类似地，再来求 57 的平方，此时有 $25+7=32$，而 $7^2=49$，从而立即得出 3249。

若过剩数的平方只有一位数，则要在前面添个 0，以凑足两位。例如在算 53^2 时，要在 $25+3=28$ 的后面添写 09，便得 2809。

这种快速心算窍门据说来自伦赛勒综合工艺学院的詹姆士·麦克吉弗特教授，方法之所以能够成立，理由很明显，这是由于

$$(50\pm x)^2=2500\pm 100x+x^2=(25\pm x)\times 100+x^2。$$

用 100 去乘（$25\pm x$），意味着在积的十位与个位上留出空位，正好给表示为两位数的 x^2 来填补。注意，此公式中并没有排斥 x 大于 10 的情况，但这时 x^2 将不止两位，操作时就必须注意，可能要“越位”到前面来了。例如对 63^2 来说，将有 $25+13$，后面再添写 13^2，即相应地得到 38 与 169；而这个 1 就必须与前面的 8 相加，最后得出 3969。一旦熟练了，操作起来依旧觉得很方便。

平方数尾巴的秘密

号称“数学之王”的德国大数学家高斯，曾经研究过著名的“平方剩余”问题。

凡是大于9的平方数，其最后两位尾数肯定是下面表中所列举的尾数之一。它们一共有22个，即

00	16	29	49	69	89
01	21	36	56	76	96
04	24	41	61	81	
09	25	44	64	84	

这张表格已被许多数学游戏专家视为设计模本，例如有人指出，凡是尾数为6的平方数，它的前一位必定是奇数。这个性质虽然简单，许多人却是茫然无“数”的，一经指出之后，方才恍然大悟。

在研究数的某些形式时，它们又是极其有用的信息。譬如说，我们常想确定一个数在加上或减去一个平方数之

后，其和或差是否为平方数，这张表格就能帮助我们迅速排除那些不可能的情况。例如我们要想求出一个平方数，使 $5581-x^2$ 为平方数。这时，上述表格就会告诉我们 x^2 的最后二位尾数只能是00，25，56或81。这样一来就能很快求出

$$x^2=4356=66^2,$$

而 $$5581-4356=1225=35^2。$$

以1，4，9为末位的“尾巴”各有5个。然而，以5结尾的却只有唯一的“孤家寡人”——25。

另外，二位尾数00与44是具有相同数码的唯一结尾。当然，作为平方数，任意多的偶数个零来结尾是可能的。然而，任何平方数的尾部绝不可能出现三个以上的4。加德纳先生说过，$38^2=1444$ 是这类数字中的最小者，它同下一个数

$$462^2=213444$$

中间空出了一大段。在此之后，接下去的两个则是

$$538^2=289444$$

与 $$962^2=925444。$$

一般地说，$500x\pm38$ 是平方以后尾巴上有三个4的数，此处的 x 可取任意自然数值。

迄今为止，平方数后面尾巴上 n 位的周期性还是一片“无人区”，很少有人去探讨过。

神奇的等幂和

比“金蝉脱壳”更奇妙的是“等幂和”现象。两者一比以后，前者就小巫见大巫了。

下面就来举一个赫赫有名的例子：

$$1+6+7+17+18+23$$
$$=2+3+11+13+21+22$$

（和数 S_1 等于72）

$$1^2+6^2+7^2+17^2+18^2+23^2$$
$$=2^2+3^2+11^2+13^2+21^2+22^2$$

（和数 S_2 等于1228）

$$1^3+6^3+7^3+17^3+18^3+23^3$$
$$=2^3+3^3+11^3+13^3+21^3+22^3$$

（和数 S_3 等于23472）

$$1^4+6^4+7^4+17^4+18^4+23^4$$
$$=2^4+3^4+11^4+13^4+21^4+22^4$$

（和数 S_4 等于472036）

$$1^5+6^5+7^5+17^5+18^5+23^5$$
$$=2^5+3^5+11^5+13^5+21^5+22^5$$

（和数 S_5 等于 9770352）

不过到了 5 次方之后，彼此的“缘分”已尽，再上去就不行了。

看看左、右 6 个数目的“精细结构”（这是一句物理学中的专门名词，在此借用一下），倒也不无意思。你看，6 与 7、17 与 18 是相邻的，为首的数 1 与 6 相差 5，而 18 则与尾巴上的 23 也相差 5；至于右边的 6 个数目呢，2 与 3、21 与 22 是相邻的，3 与中间的 11 相差 8，而 21 与 13 也相差 8：不是明摆着的“对称”现象吗？

由此而得出了一族无穷无尽的恒等式关系：

$$n-11,\ n-6,\ n-5,\ n+5,\ n+6,\ n+11$$
$$\overset{5}{=\!=}n-10,\ n-9,\ n-1,\ n+1,\ n+9,\ n+10$$

写在等号上面的“5”表示这是一种 5 层等式，1 次、2 次、3 次、4 次，直至 5 次方都能成立，但 6 次及 6 次以上就不行了。

记号是纽约大学的一位教授所发明的。已故著名数学家华罗庚先生，在年轻时也曾研究过这种等幂和现象。

现在，世界上研究这种奇妙现象的学者已经越来越多，而等幂和现象也被公认为是数字游戏中的一道“看家名菜”。我的好朋友、香港的黄克华先生就是当之无愧的高手，成果累累，令人肃然起敬！

一招鲜，吃遍天

自然数真是无奇不有，有的奇妙到了难以形容的程度，即使别人说了出来，你还不敢相信。

国外有个名叫戈德曼的人，本来是个“无名小卒”，后来由于一个偶然的发现，声名鹊起。甚至有人夸张地说，他大有可能“青史留名”。

原来，他是“跨层相等”现象的发现者，请看下面的一系列奇妙关系：

$$5+6+11=22,\quad 1+9+10=20,$$

$$\therefore\quad 5+6+11\neq 1+9+10。$$

下面的“基础”就不牢固。一般人看了之后，马上会把数据丢入垃圾桶，根本就不往下研究了。然而，怪事来了：

$$5^2+6^2+11^2=25+36+121=182,$$

$$1^2+9^2+10^2=1+81+100=182,$$

$$\therefore\quad 1^2+9^2+10^2=5^2+6^2+11^2。$$

但是，到了3次方之后，“相等”的关系又“破裂”了。因为$5^3+6^3+11^3=1672$，而$1^3+9^3+10^3$却是1730。

出人意料的是，4次方竟然又重新“言归于好”。你看：

$$5^4+6^4+11^4=625+1296+14641=16562,$$

而 $$1^4+9^4+10^4=1+6561+10000=16562。$$

好有一比：就像是一对恩爱夫妻闹离婚，后来又复婚，最终还是分了手。又好比一个炒房客买商品房，别人都是连在一起的楼层才买，他却是存心跳开中间一层。

闲话休提，对于以上这种怪现象，你们能找出第二个例子吗？

这个叫戈德曼的人真是特别走运，应了中国人所说的一句老话：“一招鲜，吃遍天！”

可是，你知道在此之前，他经历了多少个不眠的日日夜夜吗？

十全数与十八罗汉

“18”对中国人来说是一个吉利的数目。《水浒传》里108条好汉，36天罡、72地煞，统统都是18的倍数。佛教中“十八罗汉”更是家喻户晓。

有意思的是，由10个不同数码0，1，2，3，4，5，6，7，8，9组成的、不重不漏的十位数，有的竟可以被1，2，3，4，…直到18整除。例如3785942160便是这样一个“十全数”。

如果不相信，不妨用1～18的自然数逐个去试除一下。

类似的“十全数”不止一个，能不能把它们全部找出来？

由此又想到另一个问题：18是否已经“登峰造极”？能否把以上特征推广到19或者更大的除数？当然，我们希望满足条件的十位数也必须是由0至9这10个数码不重不漏所组成的“十全数”。现在，计算器与电脑已经十分普及。所以，搜索出这种有趣的数，倒也是个极好的小游戏，动手动脑，乐在其中！

首先，我们必须把1～18这18个自然数的最小公倍数求出来。这个数是12252240。告诉你，记住它有一个窍门，原来，此数正好等于

$$16 \times 765765,$$

而 $$765765 = 5 \times 7 \times 9 \times 11 \times 13 \times 17。$$

以16×765765这个数为基础，再运用电脑或计算器，就不难找到另外三个“十全数”，它们就是：

2438195760；

4753869120；

4876391520。

看来，“十全数”最多只能被18整除，没有“再上一层楼”的可能性了。倒也是，罗汉只有十八个，哪儿来第十九个罗汉呢？

非 法 约 分

美国人喜欢猎奇，不屑一顾的小事，他们也往往抓住不放，刨根问底，搞个水落石出。“非法约分”便是一个相当典型的事例。

据说这个问题是马克士威尔在其著作《数学中的谬误》一书中首先提出的。

有个小学生漫不经心地进行了下面的令人笑掉大牙的所谓“约分”：

$$\frac{1\not{6}}{\not{6}4}=\frac{1}{4},$$

$$\frac{2\not{6}}{\not{6}5}=\frac{2}{5}。$$

这事当然可以写进“现代版”的《笑林广记》。令人惊讶的是，约分虽然不合法，但答案倒是对的。这不是一桩奇事吗？

对此奇事，有人紧紧抓住不放。而且，即以“大笑话”

为题，悬赏征解这些出人意料的分数。如果还有什么类似的东西“潜伏”在什么“阴暗角落”里，就统统把它们挖掘出来。

有一点需要说明一下，一旦我们找到这类分数，把它们分子、分母颠倒一下，肯定仍是满足条件的。另外，还有下列这类平凡、肤浅的解，例如：

$$\frac{88}{88}=1。$$

为了排除这类“水货”，我们必须规定，这种分数一定要是真分数。

当分子、分母都是两位数时，可设

$$\frac{10x+a}{10a+y},$$

所谓“非法约分”，意味着下式是成立的，即

$$\frac{10x+a}{10a+y}=\frac{x}{y}。$$

经整理后可得

$$y=\frac{10ax}{9x+a}。$$

由于 x，y，a 都必须是一位的正整数，而且 $x\neq a$（否则将有 $\frac{x}{a}=1$，违反了真分数的规定），我们自然很容易算出一系列数值，譬如说：

当 $x=1$，而 a 分别为2，3，4，5，6，…时，

相应的 y 值为：$\frac{20}{11}$，$\frac{30}{12}$，$\frac{40}{13}$，$\frac{50}{14}$，4，…

由此可见，仅仅在以下4种情况下，y 才能得到整数值：

$x=1$，　$a=6$，　$y=4$；

$x=2$，　$a=6$，　$y=5$；

$x=1$，　$a=9$，　$y=5$；

$x=4$，　$a=9$，　$y=8$。

从而求出4个奇妙分数，它们是：

$$\frac{16}{64}, \frac{26}{65}, \frac{19}{95}, \frac{49}{98}。$$

人们后来发现，经过两种特殊方法“处理”之后，这些奇妙分数还可以无限地“拉长”。

一种方法是在数字的中间插入6或9，例如：

$\frac{16}{64}=\frac{166}{664}$（插入一个6）

$=\frac{1666}{6664}$（插入两个6）

$=\cdots$（插入许多个6）

$=\frac{1}{4}$；

$\frac{49}{98}=\frac{499}{998}=\frac{4999}{9998}=\cdots=\frac{1}{2}$。

另一种办法是在尾巴与头上加入6或9，例如

$$\frac{19}{95}=\frac{199}{995}=\frac{1999}{9995}=\frac{19999}{99995}=\frac{1}{5},$$

等等。

可以证明，当进位的基为素数时，不存在这类奇妙分数。基为8（即八进位制）时，有两个解，它们是

$$\frac{37}{76}=\frac{1}{2}\left(\text{相当于十进位制中的}\frac{31}{62}=\frac{1}{2}\right);$$

$$\frac{17}{74}=\frac{1}{4}\left(\text{相当于十进位制中的}\frac{15}{60}=\frac{1}{4}\right)。$$

最有趣的情况是，当“基”是完全平方数，而比基小1的数有很多因子时，譬如说，基 $b=1225$ 为35的平方，而1224又有很多因子，这时竟能找到236个分数进行“非法约分”，而仍能得出正确的答案。

宝塔与阴阳数串

宝塔一般有7层，成语与俗谚里面都有“救人一命，胜造七级浮屠”的说法。但是，高于7层的宝塔也是有的，例如扬州的栖灵塔有9层，河北省定州市的“料敌塔”（当时宋辽对峙，该处为边防重地）更是高达11层。

近年来先后出了不少讲数学与艺术美的书，里面常有“数字宝塔”的例子来吸引眼球。下面便是其中之一：

$$
\begin{aligned}
9\times9+7 &= 88\\
98\times9+6 &= 888\\
987\times9+5 &= 8888\\
9876\times9+4 &= 88888\\
98765\times9+3 &= 888888\\
987654\times9+2 &= 8888888\\
9876543\times9+1 &= 88888888\\
98765432\times9+0 &= 888888888
\end{aligned}
$$

数一数，这座宝塔只有6级，而且没有塔“尖”，有点不成体统。我很喜欢收藏邮票及火柴盒贴，前后共收集到一百多座中国古塔的图案，可是其中竟没有一座塔是 8 层的，未免觉得遗憾。

现在要来给宝塔加个顶。众所周知，0 是一个具有丰富内涵的自然数，但它最原始的意思是“没有”。在中国与日本的古代“算经”里，经常用留出“空位”来表示 0。

因此本宝塔的最上面一层可以写作：

$$0 \times 9 + 8 = 8,$$

这样一来，它便有了“塔尖”。

然后再向下扩建，开发利用“地下空间”嘛！

$$987654321 \times 9 + (-1) = 8888888888,$$

干脆给它来个“一不做，二不休”，继续深入到负数的领域中去，那时便有：

$$9876543210 \times 9 + (-2) = \overbrace{88888888888}^{11\text{个}8}。$$

再往下去，就要有点真本事、硬功夫了：

$$9876543210\bar{1} \times 9 + (-3) = \overbrace{888888888888}^{12\text{个}8}。$$

这样的数字串令人大开眼界。原来，数字串的成员何必一定限于正数呢？其实负数也行，好比人有男性、女性和中性人（也叫阴阳人）一样。

这种数字串看起来似乎不伦不类，但也并非绝无仅有。譬如对数里头的负首数与正尾数，如 $\bar{1}.5368$ 等，为了查反对数表的需要，人们早已司空见惯。现在不过把它更广泛地拿来派用场而已。

迈出这一步是需要勇气的。不过，一旦看得多了，大家就会见怪不怪了。

古往今来，研究“数字宝塔”的前辈先人为数不少，何以他们见不及此？而要让我来做这个“开路先锋”，“始作俑者”？看来，习惯势力与思维定式的力量是很强大的，冲破这个“樊笼”并不容易！

变味的除法

十、百、千、万、亿、兆、京、垓……我国自古以来就对10的整数方幂列出专名。历史上，这样的事例屡见不鲜：95万大军南征，就称之为“百万雄师”了；另外还有“良田千顷”、“广厦万间”、“万贯家私”等说法。

众所周知，除法是四则运算中最麻烦的一种运算。在西方中世纪的所谓“黑暗时代”，有些人甚至终生不会做除法。现在，小学生学除法，几乎任何地方、任何学校都是“千篇一律”。其实，除法里面也有种种“捷径”，下面就是一种效果很明显的算法。

如果除数是比10、100、1000、10000……略小的数，可照下列步骤来做：

（1）用一条虚线把被除数分为左、右两部分。如果除数比100略小，这条虚线就画在被除数的十位数的左边；如果除数比1000略小，那就画在被除数的百位数的左边；依此类推。总之，虚线右边部分的位数应与除数的位数保持一致。

（2）用除数的补数（即10的整数次幂与除数之差）去乘虚线的左边部分，把所得的积写在被除数的下面，注意上下必须对齐。再按此执行一次，并参看下面的图解。

（3）把各列数目相加，在虚线左边部分的和，便是商数，而右边部分的和则为余数。如果所得的余数大于除数，则应把商数追加到左边，而使右边部分所得的余数小于除数。

以上步骤，尽管用文字解释比较啰唆，但实际操作并不困难。反复练习过几次之后，就可以做得非常熟练。

例：591991 ÷ 989 = ？

左	右	989
591	991	补数 11
6	501	
	66	
597	1558	
+ 1	−989	
598	569	
（商数）	（余数）	

∴ $591991 \div 989 = 598 \cdots\cdots 569$

下面再来讲一下除数比10、100、1000、10000……略为大一些的情况。这时要用溢数（除数与10的整数次方幂之差）去代替补数，办法也差不多；但必须加减交替地求

“代数和”，像做游戏一样，更加有趣。

例：$6326 \div 107 = ?$

$107 - 100 = 7$，

$\therefore$ 溢数为7。

左	右	
63	26	107
−4	−41	溢数7
	+28	
59	13	
（商）	（余数）	

$\therefore$ $6326 \div 107 = 59 \cdots\cdots 13$

用加、减与简乘来替代笨重的除法，如果认为是仅仅节省了一些时间，这种看法当然是浅薄的。实际上，它的内涵非常丰富，算法的多样性与自然数的神奇性兼而有之，从一个侧面反映出隽永的科学之美。

有 趣 的 数

数学科普大师马丁·加德纳先生有一个非常重要的观点：世界上的数大体上可以分成两大类——有趣的数与没有趣的数。不过，究竟有趣还是无趣，要看这个数的“本质”，而不能“跟风”，不能用庸俗的标准去衡量。如果有人把88曲解为“发一发”而因此认为88是一个“有趣数”的话，那就大错特错了。不过，比88大1的89却是一个货真价实的“有趣的数”。

下面，让我来表演一则魔术，好不好?

请你先在心里想好一个数，不要让我知道。然后用这个数乘上89，得出乘积之后，砍去乘积的末位数字；用这末位数乘以9，再将所得的积与原乘积砍去末位后剩下来的数相加；照这样反复地做下去，直到两次得出89为止。

接着，你把各次所得的末位数字由下而上地报给我听，我马上就可以把你心中一开始认定的数说出来！

你听了之后，当然不相信，“这怎么可能呢?”那好，让我们来举个例子说明一下。用13去乘89，得出乘积1157。接着，砍去7，用7去乘9，得到63。再把63与115相加，得178。继续砍去8，并用8去乘9，得72，把72与17相加得到89。再砍去末位的9，由于$9\times9=81$，把81与8相加，仍旧得到89。

（请看右边竖式，并与上面的文字说明进行对照。一旦熟练了，就不再需要说明，直接写出竖式就行）。

```
      13
   ×  89
  ------
     117
    104
  ------
    115̸7
  +  63
  ------
    17̸8
  + 72
  ------
     8̸9
  + 81
  ------
     8⑨
```

注意，我们已经接连两次得到89了，马上宣告停止计算。

现在请你由下而上报出末位数：9，9，8，7。

我一听，马上就可以告诉你，你心中认定的数是13。我是怎么知道的呢？

和9987最接近的、最小的五位数是10000，用10000减去9987，差数不就是13吗？

$$10000-9987=13。$$

朋友们，你还可以选择别的数来试试看！

可以浓缩的兔子数列

有一对刚出生的小兔子，一个月后，长成大兔子；再过一个月，生出了一雌一雄的一对小兔。三个月过后，大兔又生一雌一雄的一对小兔，而原先的小兔长成了大兔。就这样不断地在繁殖。总之，每过一个月小兔可以长成大兔，而一对大兔，每一个月总是能生出一对小兔。这些兔子，自始至终都不死掉。试问：一年以后，共有多少对兔子？

不妨画出一个图（下页图），以便寻找兔子数列的规律。如下页图，图中黑圈（●）表示小兔的对数，白圈（○）表示大兔的对数。

显然，兔子数总是由两部分组成：大兔数和小兔数。当月的小兔数，就是上月的大兔数，因为上月有多少对大兔，下月就有多少对小兔；而当月的大兔数，则是上月的兔子总数，因为不管大兔、小兔，到了下个月都是大兔。根据这一结论，又可知道，上月的大兔数是前月的兔子总

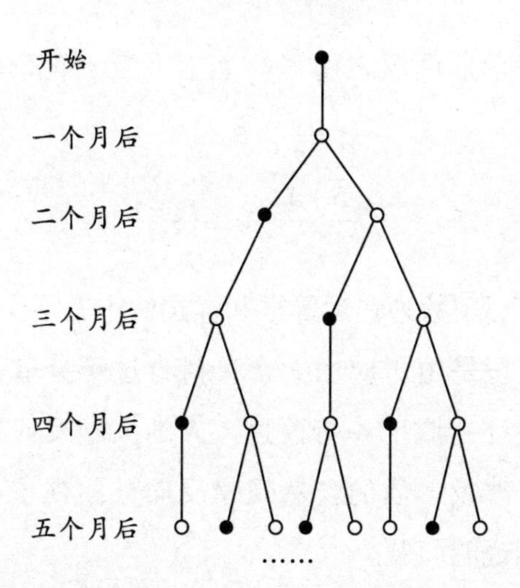

数。所以，当月的兔子数等于上月的兔子数加上上月的大兔数，也就是等于上月的兔子数加上前月的兔子数。

于是就可以写出开始时、一个月后、二个月后，直至12个月后的兔子对数；

1，1，2，3，5，8，13，21，34，55，89，144，233。所以本题的答案是233对。

一般把这个兔子数列称为斐波那契数列，因为它是由意大利数学家斐波那契在公元1228年首先提出的。它的第一、第二项为1，而从第三项起，每一项等于它的前两项之和，写成一般形式就是：

$$F_{n+2}=F_n+F_{n+1}。(n=1，2，\cdots)$$

斐波那契数列不但有趣，也很有用。它的前n项和是：

$$S_n=F_{n+2}-1,$$

并且数列中前后两项之比 F_n: F_{n+1}，当 n 越来越大时，其比值逼近

$$\frac{\sqrt{5}-1}{2}\approx 0.618。$$

因此，斐波那契数列在运筹学和优选法中有不少用途。

然而，正是由于应用太多，精力过于分散，浮光掠影式的东西往往在眼前一瞥而过，人的大脑反应不过来，最有价值的、涉及本质的自然规律反而被漠视了。下面的故事兴许就能说明问题。

有一次，我偶尔在美国出版的数论书里看到 $\frac{1}{89}$ 的完整小数展开式：

$$\frac{1}{89}=0.\dot{0}112359550561797752808 \mid 988764044943820224719\dot{1}$$

（原书上没有中间的一根纵线，它是我加上去的）。

这是一个循环小数，其循环节多达 44 位。根据循环小数的有趣性质，自然可以把它“一分为二”，使前后对应各位的数字之和为 9。由此可知，我们只要求出前面的 22 位，它的全貌也就完全掌握了：

$$\begin{array}{r} 0112359550561797752808 \\ 9887640449438202247191 \\ \hline 9999999999999999999999 \end{array}$$

我想把它抄录下来，作为备用资料。抄着抄着，忽然引起了联想：那前面的5个有效数字11235，不就是斐波那契数列的前5项吗？可惜从第6个有效数字开始，规律被彻底破坏，真是太遗憾了。

兔子数列是一个古老的课题，由于一再重复，许多人对它已失去了兴趣，作为游戏的题材，似乎太乏味了。但这时我的心头忽然袭来一丝直觉，心中暗想，或许还有什么潜伏得很深的东西有待发现！于是我索性“一不做，二不休”，把数列在233以后的各项也一口气写了出来：

…，34，55，89，144，233，377，610，987，1597，2584，4181，6765，10946，17711，28657，46368，75025，121393，…

自然还可以无穷无尽地写下去，但我现在已经写到了六位数，看来似乎可以“收兵”了。

此时我突然脑子开窍，“领悟”到规律其实并未受到破坏，只是被“十进位”制掩盖了“真相”；数字有一种“鹊巢鸠占”的现象，好比有人“无票乘车”，挤占座位，结果造成两人或两人以上挤在一个位置上！为了恢复其本来面目，我们自然可以稍加变通，用特殊的“长加法”表达出来：

```
0112358
      13
       21
        34
         55
          89
          144
           233
            377
             610
              987
              1597
               2584
                4181
                 6765
                 10946|
                  1771|1
                   286|57
                    46|368
                     7|5025
                     1|21393   ⋱
0112359550561797752808|75443   …
```

做到这里不难看出，已经有 6 个人坐在同一个位置上。随着数列的向右进展，这种“恶性”现象还将变本加厉，但前面各位上的数字已成定局，不会受到进位的影响了；

此时我们已经发现，前面的 22 位小数与$\frac{1}{89}$的循环小数完全吻合，不存在丝毫差异！

斐波那契数列既非等差数列，也非等比数列，更非调和数列，为什么它竟能浓缩在$\frac{1}{89}$的十进制循环小数表达式中?!

这使我们马上想起《天方夜谭》里的故事：一个巨大得能头顶天脚立地的妖怪，竟能浓缩在一只小小的漂流瓶里！

$\frac{1}{89}$，你好神奇啊！

肚子里的蛔虫

小明是班上最机灵的孩子。一天，张老师把他叫去，问他愿不愿做一个猜数游戏。

小明一听，乐得双脚跳，央求张老师快说快说。于是，老师开腔了："这个游戏的着眼点是人的年龄，规定3岁以下不适用，且这个年龄必须是素数（也叫质数）。

"怎样做游戏呢？让我说一说具体操作吧。把你认定的某一素数平方起来，加上17，然后将所得的和数除以12，记下余数，但不必告诉我，只要讲一声'做好了'，我就立即报出余数。只要你运算正确，我可以向你打保票，我说出来的余数同你记下的必然完全吻合。"

小明听了这番话之后，将信将疑，并且疑大于信。他暗暗想到，素数是无穷多的，即使100以下的素数也多得很，而且人人皆知，素数分布毫无规律，连法国大数学家费马也曾在素数问题上栽了个大跟斗，至今还一直被人牵头皮，作为话柄来嘲笑呢。

小明想起，舅舅今年正好是37岁，37不正是一个素数吗？把它来个平方，$37^2=1369$，加上17之后，$1369+17=1386$，再将它作为被除数，除以12，可得：

$$1386\div12=115\cdots\cdots6,$$

余数为6，于是他大叫一声："我做好了。"岂知，张老师早已笑眯眯地说："余数是6，对不对？"

小明大吃一惊，真是怪事！莫非张老师是我肚子里的蛔虫，我的心事，他怎能了如指掌？

他搔搔头皮，不肯认输，决心再换一个数来试试。啊，有了，人家大科学家杨振宁，83岁还要谈恋爱、结婚呢！正好，83也是一个素数，我何不拿它一试？说时迟，那时快，立即展开了快速计算：

$83^2=6889$，$6889+17=6906$，

$6906\div12=575.5$，（这时他使用了袖珍计算器）

不言而喻，余数当然是6了。

他的一声"算好了"还未出口，张老师已经不紧不慢地说："这回的余数还是6，对吗？"

小明惊呼："神了，我算是服了你！"说实话，他非常佩服这位老师，知识面广，平时又十分注意社会上的热点新闻。不过两人怎么会想到一起去呢？太不可思议了。

他要求张老师，再做第三次游戏。张老师欣然同意，但他说，这次要改花样，加上去的数不可再用17，要改为

37 了。

小明当下想到，最近的报纸上说，上海目前年龄最大的老寿星是住在浦东的胡阿妹老人家，现已 113 岁，正好 113 也是一个素数。于是他落笔如风，做了以下计算：

$113^2=12769$，$12769+37=12806$，

$12806\div12=1067\cdots\cdots2$。

不待他说出口，张老师已经拍拍他的肩膀："余数为 2，是不是?"

小明不禁叹了口气，"我怀疑你有某种'特异功能'呢!"

张老师的猜数术何以如此灵验？他究竟有什么能耐，居然能够像"张天师捉鬼"一样，任意驱使"桀骜不驯"、难以"驾驭"的素数？

本游戏的设计是相当巧妙的。一般人认为，素数毫无规律，这话实际上不全面，不完全对。其实，除了最小的两个素数 2（唯一的偶素数）和 3（以俞润汝先生为首的"怪才"数学家认为它是一个中性素数）之外，其他一切素数都是 $6n-1$ 或 $6n+1$ 型的。

平方之后，将得出

$$(6n\pm1)^2=36n^2\pm12n+1,$$

用 12 去除，余数当然是 1 矣。至于加上去的 17 或 37，那是存心迷惑人的，目的在于使人看不出破绽：

用 12 去除的话，17 的余数为 5，总余数便是 6；

用 12 去除 37，余数为 1，总余数便是 2 了。

说破之后，一文不值！真是“戏法人人会变，各有巧妙不同”啊。

想到了波音777

美国波音公司是世界上头号飞机制造企业，总部设在华盛顿州的西雅图市。波音777是该公司的名牌产品，相当长的一段时间内，中国是他们的最大主顾。

777，三个连续出现的7，不禁使我们想起了“猫有7条命”这个西方民间传说。上天飞行，毕竟是性命交关的事，当然是安全第一啰。

现在，请你来做一个有滋有味的游戏。用777做原材料，把它分解成三位、四位、五位……直到十位数，使它们统统都能被37除尽。

37是个质数，它同36只有一步之差；后者可是大大的有名，六六大顺就是36，《水浒传》里有着以宋江为首的36个“天罡星”。可是翻遍中国古书，也找不到同37有什么联系的成语、故事和典故，它真是个“无名小卒”也。至于37的整除性判别法，不要说教科书上没有，连《十万个为什么》等科普书也毫未触及。所以做这个游戏，只好自己去闯出一条路子。

先迈开第一步，三位数是不成问题的，直接用 777 就行了，根本无需分解。事实上

$$777 \div 37 = 21,$$

一除就除尽了。四位数看来也不难，让我们把 777 分解为

$$3 + 774,$$

然后把 3 写在 774 的前面，得出 3774，那当然就能被 37 除尽了。

二战二捷，使我们信心倍增。在 777 中提取出 37 的倍数来，再把它放在前面——这样的做法不稀罕，能否另辟蹊径呢？让我们试试看，现在把 777 分解为：

$$777 = 23 + 754,$$

然后用 37 去除五位数 23754，即

$$23754 \div 37 = 642,$$

结果也极为理想。但有一点必须注意，23 必须放在 754 的前面，如果放在它的后面，那就不行了。

由此看来，这个游戏所定的条件，实在是非常宽松，答案也是应有尽有，多得要命！所以，它是一个名副其实的“开放题”。

下面我们随便写出一些答案吧：

六位数　　254523；

七位数　　4157616；

八位数　38061678；

九位数　195477105。

有人说，“我很看好2006年，也许是大有作为的一年”，于是要求在十位数中必须嵌入2006四个数目字，而且必须连在一起。增加了这一限制，条件依然十分宽松，还是不难做到的。

只要把777分解为：

$$777=8+511+252+6,$$

然后将最后的6进行“加工”，把它改写为006（这是很关键的一步），全部串联起来，即可得出其人想要的十位数了：

8511252006。

如果他认为2006放在尾巴上不好，那么我们还可以把它移到中间，例如852006511，他总该满意了吧。

做游戏不是目的，最好还能从做游戏中学到一点知识，所以下面就来讲讲怎样判断一个大数能不能被37整除的办法。

随便拿个四位数8341做例子。从右至左，每三个数字作为一段，再将前段的8加在后段的末位上：

$$8341 \rightarrow 8'341 \rightarrow \begin{array}{r} 341 \\ +\quad 8 \\ \hline 349 \end{array},$$

然后将349减去与它靠得最近的37的倍数333，得出：

$$349 - 333 = 16。$$

于是我们可以立即得出结论：用37去除8341，那是除不尽的，余数是16。这种办法的优点是，连余数都明确告诉你了。

以上便是所谓判别一个大数能否被37整除的“九头鸟”判别法。因为111，222，333，444，555，666，777，888，999都是37的倍数，哪个靠得最近就用哪个，非常有特色。

獐兔鼠，知多少

徽州自古商业发达，徽商足迹遍及全国，素有“无徽不成镇”的说法。经济上去了，文化也就昌明了。现在大家都已公认，“徽班进京”后来就逐渐发展演变，实为京戏之源头。

号称珠算一代宗师的程大位先生也是徽州休宁人。他的名著《算法统宗》一书，收集了许多来自民间采风的歌谣体算题，迄今流传不衰。

大凡来自民间的古算题，总是带有浓郁的乡土气息，而且一般都有点押韵，读起来朗朗上口，过目不忘。例如下面的一则歌谣：

獐十八，兔三斤，

老鼠四两不为轻。

九十九个头，

合起来是一百斤。

三种猎物各多少？

快快说来听一听。

(旧制一斤等于十六两)

解这道题，好像是在做游戏，可以各说各做。

民间人士，采用的是土办法。为了土法上马，他们制定的原则是“獐为主，兔定边，老鼠量轻可补添”。獐一只重18斤，老鼠4只合起来才1斤重（照现在新的度量衡制，1斤=500克，于是可推算出，1只老鼠重125克，大得吓坏人了！这种大老鼠，当然非捕杀不可)，孰轻孰重，不言而喻。

如果獐有5只，一看就不可能。

假定獐数为4，由于$4\times18=72$，$99-4=95$，还剩95头动物，28斤重量。

按题意，老鼠只数应是能够被4整除的，所以我们只能拿92，88，84，80，…去试试。

如果有92只老鼠，则因

$$92\div4=23,$$

而$28-23=5$，但5与3是互质数，根本凑不起来。

再拿88只老鼠去试，

$$88\div4=22,$$

剩下来的兔子数当然是$99-88-4=7$。

然而7只兔子的重量是21斤，

$$22+21=43,$$

43 与 28 根本碰不拢。所以 4 只獐的设想也被否定了。

再退一步想，设有 3 只獐，由于 $3\times18=54$（斤），尚余46 斤。因为 100 只老鼠才有 25 斤，而 100 这个数不能用，所以兔的重量必须大于21 斤。

这就强烈地提示了兔的只数为 8。下面果然一举成功，轻轻松松地找出了答案：

獐3 只　兔8 只　老鼠88 只

$$\begin{cases}3\times18+8\times3+\dfrac{1}{4}\times88=100,\\3+8+88=99。\end{cases}$$

两个条件都能满足，问题迎刃而解矣。

下面再来介绍利用不定方程的解法。假设有獐 x 只，兔 y 只，老鼠 z 只，则据题意可列出方程组

$$\begin{cases}x+y+z=99, & (1)\\18x+3y+\dfrac{1}{4}z=100。 & (2)\end{cases}$$

（2）式乘以4，去分母后可得

$$72x+12y+z=400, \quad (3)$$

(3)式 -(1)式，消去 z，于是就有

$$71x+11y=301。 \quad (4)$$

这是一个二元一次的不定方程，为了求它的正整数解，可先变换为

$$y=\frac{301-71x}{11}=27-6x+\frac{4-5x}{11}。$$

令 $s=\frac{4-5x}{11}$，于是有 $11s+5x=4$，

即
$$x=-2s+\frac{4-s}{5}。\tag{5}$$

再设 $t=\frac{4-s}{5}$，便有 $5t+s=4$，

即
$$s=4-5t。\tag{6}$$

代入（5）式，便得出

$$x=11t-8,\tag{7}$$

以（7）式再代入（4）式得

$$y=79-71t,\tag{8}$$

再将（8）式代入（3）式得

$$z=60t+28。\tag{9}$$

到此地步，我们总算得到了用参数 t 表示 x，y，z 的通解表达式。

由于 $0<x\leqslant 3$，代入（7）式后可求出

$$t=1,$$

从而可以解出

$$x=3，y=8，z=88。$$

以上解法尽管中学生还算能够理解与消化，但是另外又得引进新的变量 s 与 t，代进代出，搞得头昏脑涨，繁琐

得要命。

我倒不是存心否定不定方程解法，但用它来解决“獐兔鼠问题”确实有点得不偿失，看上去就像“大炮打苍蝇”，惹人笑话。

其实，我们完全可以用“土洋结合”的办法来解上面的不定方程

$$71x+11y=301。$$

关键的思路是利用数的整除性。要知道 71 是个比较少见的素数，至于 11 的整除性则一眼就可以识别。明摆着不去利用，不是傻瓜吗？

很明显，$x=5$ 是不行的，因为其时方程右边将得出负数了。

若 $x=4$，则 $11y=301-284=17$，由于 17 根本不能被 11 整除，于是 $x=4$ 马上就被否定了。

类似地，$x=1$，$x=2$ 时，常数项将分别变为 230 与 159，统统都不能被 11 整除，于是 $x=1$ 与 $x=2$ 又马上被否定。

唯一可能的只能是 $x=3$，此时 $11y=88$，于是立即可以求出 $y=8$。

剩下来的 z 自然立即露头，那还用说？

常言道“货比三家不吃亏”，又道是“看菜吃饭，量体裁衣”。我们一定要通过合理解题来提高自己的素质与技

艺，而不能顽固不化，墨守成规。要知道，高深的方法未必就比初等办法好。

老实告诉你，本题所说的不定方程解法还不是最繁琐、最难懂的一种。另有一种解法更加复杂和拖沓，需要计算的工作量也更大，甚至叫大学生去做，也不是那么容易。

哪年哪月哪日生

古今中外，人们对自己的生日总是相当关注。因此，猜生日的算术游戏经久不衰。当代大数学家之一、加拿大考克塞特教授修订过的跨世纪名著《数学集锦》上就收录了形形色色，丰富多彩的猜生日方法。考克塞特先生谦虚地说，虽然他收录丰富，但由于他跑的地方不多，见识不广，很有可能“挂一漏万”。考克塞特真是实话实说，下面的一则猜生日游戏就是一条“漏网之鱼”。

这则游戏的妙处是把“弃九法”原理、分段函数、奇偶性检验等巧妙地糅合在一起。数字虽然大一点，一般是七位数，但小学生还是有足够“承受”能力的！

更奇妙的是这个七位数里竟然含有年、月、日的全部信息。做游戏时，我们用 Y 表示年，M 表示月，D 表示日，猜法如下：

请参与游戏的人计算下面 N 的值：

$$N = 612Y + 37M + 18D,$$

然后把结果告诉游戏主持人，主持人就能知道他或她是哪年哪月哪日生的。解法如下：

把七位数 N 的各位数字相加，直到得出一个一位数 A 为止。如果 N 与 A 同为奇数或同为偶数，A 就等于月份 M；如果 N 与 A 一奇一偶，则月份 M 等于 $A+9$。

求出 M 后，计算 $(N-37M)\div 18$，所得之商再除以 34，此时的商即为出生年份 Y，而余数就是日期 D。

举例说明如下：设参与游戏的人算出的 N 值是 1198974。先求出数字和：

$$1+1+9+8+9+7+4=39,$$

继续做下去，$3+9=12$，$1+2=3$，所以，

$$M=3+9=12,$$

$$(1198974-37\times 12)\div 18=66585,$$

$$66585\div 34=1958\cdots\cdots 13,$$

故知此人生于 1958 年 12 月 13 日。

猜　生　日

前苏联有一位著名数学科普作家，名叫别莱利曼。他一再告诉人们，如果不定方程解得熟练，就可以表演下面这种数学游戏。

先请一位观众把他出生的日子乘以12，再把出生的月份乘上31，然后加起来，将和数报告给你，请你来推算他的出生月日。

譬如说，倘若此人的生日是2月9日，则他要做下列计算：

$$2\times31=62,\qquad 9\times12=108,$$

$$62+108=170。$$

于是他报出和数170给你听，请你推算他的出生月日。用什么办法呢?

很明显，问题就相当于求解不定方程

$$12x+31y=170$$

的正整数解。当然x不能大于31，y不能大于12。

把原方程改写为

$$6x+31\cdot\frac{y}{2}=85。$$

设 $y=2t$，即有 $6x+31t=85$，则

$$x=\frac{85-31t}{6}=14-5t+\frac{1-t}{6}。$$

再设 $1-t=6\mu$，则 $t=1-6\mu$，从而有

$$\begin{aligned}x&=14-5t+\mu\\&=14-5(1-6\mu)+\mu\\&=9+31\mu,\end{aligned}$$

$$y=2(1-6\mu)=2-12\mu。$$

由于 $31\geqslant x>0$，$12\geqslant y>0$，所以可求出 μ 的数值界限是

$$-\frac{9}{31}<\mu<\frac{1}{6}。$$

因此 μ 只能是0，从而求出 $x=9$，$y=2$，所以其人的生日是2月9日。

以上步骤相当繁琐，令人头痛。尤其不方便的是，对每一个报告出来的和数列出不定方程之后，解题的中间过程几乎都不一样。也就是说，对每个方程，我们都得从头解起。做得头昏脑涨，令人生厌。

还有一种办法是先求出不定方程

$$12x+31y=c$$

的通解。利用参数 k，可以推出上述不定方程的一切整数解为

$$\begin{cases}x=31k+13c,\\y=-12k-5c;\end{cases}$$

这里的 k 表示任意整数。而符合题意的解，应再由联立不等式

$$\begin{cases}0<31k+13c\leqslant 31,\\0<-12k-5c\leqslant 12\end{cases}$$

来给出，而上述联立不等式又相当于

$$\begin{cases}-\dfrac{13}{31}c+1\geqslant k\geqslant -\dfrac{13}{31}c,\\[2ex]-\dfrac{5}{12}c>k\geqslant -\dfrac{5}{12}c-1。\end{cases}$$

实际执行时，这两个不等式我们取一个就够了，因为它们所给出的整数 k 是完全一样的。

让我们再举一个具体例子说明此法如何应用。假定某人生于7月23日，则

$$12x+31y=12\times 23+31\times 7=493。$$

根据上面的通解公式来照葫芦画瓢，x，y 的通解式可表示为

$$\begin{cases}x=31k+13\times 493=31k+6409,\\y=-12k-5\times 493=-12k-2465。\end{cases}$$

再解不等式

$$-\frac{2465}{12}>k\geqslant-\frac{2465}{12}-1,$$

就是说，k 值应在 $-206\frac{5}{12}$ 与 $-205\frac{5}{12}$ 之间，当然应取

$$k=-206,$$

再代回通解式中去，便得

$$\begin{cases}x=31\times(-206)+6409=-6386+6409=23,\\y=-12\times(-206)-2645=2472-2465=7。\end{cases}$$

总算求出了这家伙的出生日期是 7 月 23 日。计算量如此之大，如此繁琐，真令人“望而生畏”了。

我一直在想，以上衣钵相传的“祖宗家法”，难道真的不能改一改吗？根据自己的反复实践，终于摸索出了一条“终南捷径”。其原理是自然数的整除性，什么不等式、参数不参数的，统统都可以把它们丢到九霄云外去。

先来说一下，$12x\times31y$ 的最小值应是 43，与之对应的生日为 1 月 1 日；最大值呢，应该是 744，对应的生日是 12 月 31 日。

报出来的和数为奇数时，此人必定出生于单月（即 1，3，5，7，9，11）；报出来的和数是偶数时，则此人必出生于双月（即 2，4，6，8，10，12）。

和数可分为三类：3 除余 1 时，其人必生于 1 月，4 月，

7月或10月；3除余2时，必生于2月，5月，8月，11月；正好能被3除尽时，则必生于3月，6月，9月，12月。

根据以上原理，可以再进一步细分。设 $12x+31y$ 的和数为 S，则可列出以下的简明表格：

若 S 为奇数，又是 $3N+1$ 型，则必生于1月或7月；

若 S 为奇数，又是 $3N+2$ 型，则必生于5月或11月；

若 S 为奇数，又是 $3N$ 型，则必生于3月或9月。

若 S 为偶数，而属 $3N+1$ 型，则必生于4月或10月；

若 S 为偶数，而属 $3N+2$ 型，则必生于2月或8月；

若 S 为偶数，而属 $3N$ 型，则必生于6月或12月。

这样一来，便可“二中取一”，从而不难立即找到正确的答案。

还可以给上表作一点有益的补充：

1月，5月，9月的任何一天，S 都是 $4M-1$ 型的数；

2月，6月，10月的任何一天，S 都是能被2除尽，而不能被4除尽的数；

3月，7月，11月的任何一天，S 都是 $4M+1$ 型的数；

4月，8月，12月的任何一天，S 都能被4正好除尽。

下面将通过例子，迅速算出答案，速度之快，是传统方法完全不能望其项背的，简直可以用“易如反掌”来加以形容。

数学是大课堂

例 1 某人告诉你，他的 S 数是 410，要你算一算他出生于何月何日。

【解】 410 属 $3N+2$ 型，能被 2 除尽而不能被 4 除尽，所以此人不生于 8 月，而是生于 2 月。于是立即算出

$$(410-2\times31)\div12=29,$$

原来这家伙生于 2 月 29 日，那是个阳历闰年，真有点怪。

例 2 有位着迷于本游戏的人说他的 S 数为 672，要求马上确定他的生日，时间不能超过 5 分钟。

虽然他提出的时间限制十分苛刻，但是仍旧难不倒我。显然 672 这个数是同时能被 3、4 整除的，因此只要照下式一算就行：

$$(672-12\times31)\div12=25,$$

原来他生于 12 月 25 日圣诞节那一天。

虽然只举了两个例子，但已经足以解决问题。总而言之，猜法必须采取灵活反应战术。说白了，也就是“看菜吃饭，量体裁衣”，不能被“不定方程”这个庞然大物吓倒。

一代宗师、画家徐悲鸿先生曾经说过一句名言：“独持偏见，一意孤行。”看来它不仅适用于艺术，甚至在数学里也可以借鉴。

数学是大戏台

顺治真的出家了吗

提起密码，人们马上会产生一种神秘感，联想到特务和谍报，或者阴谋诡计什么的，这种想法是片面的。事实上，古代早就有密码，称为“暗语”或“暗号”。到了今天，密码的使用已经十分广泛，除了它的“正宗”用途——军事应用之外，储蓄存单与信用卡要用密码，存放贵重物品要有密码箱。面向未来，人们不仅要编制密码，还要去破译密码。譬如说，要破译生物为什么会代代相传的遗传密码，要识破外星人从宇宙空间发来的“天书”密码，等等。密码的用途真是不胜枚举。

编制密码，要学会形形色色的“技法”，就像画山水、花鸟、人物，各人有各人的“技法”，各有各的套数。

最简单的密码编法有两种，一是“代换”，二是“重排”。

我们知道，大部分汉字可以拆成“零件”，例如可以把“李”字分割成“木”和“子”，“何”字分解为“人”和

“可”；也有一些特别简单的汉字不能分割，例如“一”，“之”，“乎”，“也”，等等。

清朝自多尔衮入关以后，统治了 260 多年，正史之外，还有野史，而且版本甚多，不止一种。据野史记载，曾经有位秀才编造过一个密码，涉及顺治皇帝的一桩秘事。顺治帝爱新觉罗·福临是清朝入关后的第一代皇帝，统治基础不稳，政治谣言特别多，流传到后世的有皇太后下嫁摄政王等等。有关皇家的风言风语，当然不敢随便乱说，只好用秘密方式来记录与传布。

这位秀才所拟的密文就是一种密码，他的原文当然是繁体字，现在改用简化部首，以便大家看懂：

台亥口隹麦　　救同非莫女

言卩卩门小　　扌页贵彐心

土口兑余氵　　骨禾又川辶

小巩

说它是五言诗吧，不该有六句，不像；说它是讥讽人的十七字吧，字数又不对头。经不像经，咒不成咒，真是莫名其妙。

想要破译，谈何容易？这位秀才曾被怀疑为“反清复明”之士，捉进大牢，几番拷打，但他死也不招。最后官府拿他没有办法，只好把他开释。于是，秘密被他带进了棺材，无人知晓了。

到了清朝晚期，朝政腐败，尤其是八国联军打进京城，慈禧太后仓皇逃命，自顾不暇，文网就逐渐松弛了下来，曾经令人“谈虎色变”的“文字狱”也没有精力去搞了，这位秀才留下的怪东西，才终于被人破译了出来。

	1	2	3	4	5	6	7	8
一	台	麦	莫	卩	页	土	氵	川
二	亥	欷	女	门	贵	口	骨	辶
三	口	同	言	小	ヨ	兑	禾	小
四	隹	非	卩	扌	心	余	又	巩

破译的过程简直像是在做游戏。先把这32个汉字“零部件”由横排改为竖排，组成一张矩形表格（如上图）。

一位有心人注意到：在第一横行中，第8个和第5个零件“川”和“页”可以组合成一个“顺”字；而第7个和第1个零件可以组合为“治”字。他把每一横行都按8→5→7→1→4→2→3→6的规律进行重新组合，于是天机泄漏，真相大白了：

“顺治陵墓遗骸阙如当和尚说恐难排除。”

原来，当时民间流传一种说法，顺治帝因为爱妃过早病死而看破红尘，到山西五台山当和尚去了，可是官方却宣布说顺治皇帝病死了。这件事是不是真的呢？这位秀才在密码里说出了看法：

“顺治的陵墓里，没有他的尸骨。出家当和尚的说法，恐怕很难排除。”

看来，这位秀才是相信那个在民间流传的说法的。至于这件事究竟真假如何，那是应当由历史学家根据史料作出正确结论的。

总之，编密码的方法有其多样性。中外各国均各有展现本民族智慧的创造。

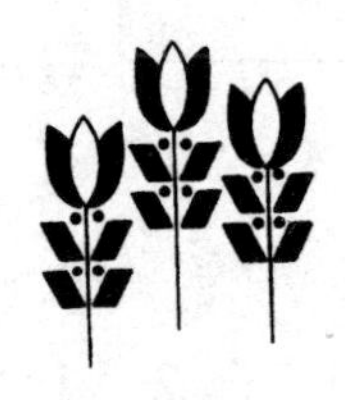

幸运的七

小朋友们大都喜欢玩智力玩具，好的智力玩具应该是：

人人可玩，个个能懂。

玩中有学，道理很深。

“幸运的七”就是这样一种“人人可玩”的玩具，而且价钱便宜之至，几乎不需要什么成本。这个游戏的发明者是英国剑桥大学教授康威先生，他后来到美国去，当了普林斯顿大学的教授。

玩具很简单，我们可以自制。首先用硬纸板剪出7张小圆片，分别写上阿拉伯数码1，2，3，4，5，6，7，再在一张空白纸上画出做游戏的“棋盘”（如下页图）。于是，有趣的“廊桥寻梦”的戏，就有了它的表演舞台。

开始时，你把7只小圆片放在图中1至7号的位置上，空圆圈不放东西，是作为调动圆片用的。譬如说，第一步你可以把①走进空圆圈，也可以把⑦走进去。

同这个游戏有关的问题很多很多，我们在此只举出最

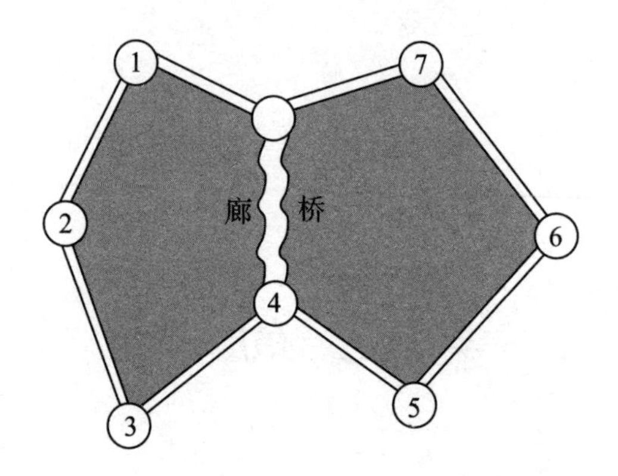

最浅近的一个。

你原来把①②③④⑤⑥⑦摆放在正常位置，现在要求你把它们的排列位置变为⑦⑥⑤④③②①，就好比一辆大卡车在狭窄的马路上“掉头”；圆片只能在相邻的圆圈中移动，不容许跳跃。

你能做到吗?

达到目的之方法也许很多，你能不能找到最简单的方法呢?

提示一下吧！奉赠你一句话，它兴许对你有帮助：“不要忘记走廊桥。”

速算表演

某年秋天，在上海科技节的闭幕式上，魔术大师傅腾龙先生表演了“利剑劈人”的魔术。舞台上，有位少女躲进了一个箱子里，数十把利剑快刀戳在箱子上，左右上下前后各个角度都有，少女却安然无恙。傅先生向观众郑重说明：“这里绝对没有特异功能，而是根据数学原理来设计的。”

遗憾的是傅先生并没有再作进一步的解释，我也没有本事吃透其中的奥妙，只好不了了之。

几天之后，在一个国际性研讨会的间隙，我即兴为外国专家们表演了一个速算的魔术。

我请大家随便挑出两个自然数来，然后把两数相加，得出第3数；再将第2数同第3数相加，得出第4数；就这样依次类推，一直到第10数为止。当然这10个数是必须公开亮相的，以防止作弊。最后，把10个数统统相加起来，求出它们的和，用什么手段都行，笔算、心算，甚至使用袖珍计算器。我刚说完，有位外国友人就问我：“开头的两个数，有什么限制条件吗？”我说：“没有别的限制，只要求它们是自然数。”他说：“好极了，既然如此，今天正好是11月15日，我就用11与15来试一试。”接着，他就迅速地写出了一排数字：

$$11+15+26+41+67+108+175+283+458+741=?$$

这些数目看起来乱七八糟，忽奇忽偶，毫无规律可言。把它们相加起来，虽然并不十分困难，但总得耗费一些时间吧！岂知我只望了一眼，便算出了答数：1925。经过验算，毫厘不差。

观众们啧啧称奇，不信者也大有人在。他们便用别的数目来试，却是屡试屡验。有一次，人群里头忽然大叫起来：“不灵了！”但经过复查，原来是观众自己算错了，责任由他自负。

我的魔术表演虽然没有傅腾龙先生那样惊险，却也能使大家不停地拍手叫好。

有人问我，速算的窍门在哪里呢？我说：“挺简单！所有的数目不是都要亮相吗？你只要把第7数瞅上一眼，然后把它乘上11，那就是答数了！正确率为百分之百，这可是用严格的数学方法证明过的！”

乱指钟面猜数

表演者拿出一只小闹钟（玩具钟也行），请观众心中默想一个不超过12的数。想好之后，表演者拿根教鞭，在钟面上不按次序，胡乱地瞎指钟面上的点数。每指一下，观众就默数他认定之数的后面一个较大的数，例如他认定之数为5，那么表演者指第1下时就默默念6，指第2下时默念7，就这样依次进行。

当观众暗中默念的数到达20时，立即叫“停”。说也奇怪，此时表演者的教鞭居然会“同步”，它正好停在观众原来所认定的数之上。两人似有“心灵感应”也。

钟面上最大的数是12，所以观众选的数也绝不会大于12。正因为如此，表演者至少要在第8下才有可能被观众叫停。所以，开头的7下他完全可以信手乱指（这就可以迷惑观众，使他们看不出规律，是一种很出色的魔术技巧）。但从第8下起，表演者就必须指在“12”上，然后按倒数的顺序来指11，10，9，8，7，…当对方叫停时，表演者的教鞭也停。这时，就产生了“同步”效应。

还可以变化一下，不用钟表，改为扑克牌，排成某种容易记忆的模式，然后背面朝上。观众叫停时，再把那张牌翻开，这样做，效果也许更好些。

看过《红楼梦》的人，都知道赵姨娘暗算宝玉和凤姐的事。据说，在“旧时真本”中，写到这事后来终于败露，赵姨娘发疯而死。据说有一天，宝玉等人在大观园中一面赏花一面做游戏。但见薛宝钗取了一副骨牌，在其中任取6只牌，各贴一张小纸，每张纸上写着一个字，合起来乃是“作法急病現報”。随后，就将牌的背面朝天加以揉乱。最后，她把牌拼成一个圆环。别转身去，对湘云说道：“你随便在心中认定一张牌，看一看它写的是什么字，随后照老样子放好。等一会儿，你按照此字的笔画报数，我就可以指认出你心中想的那张牌来。”

湘云照她的吩咐做了。宝钗回过身来，湘云报着：“一，二，三……”宝钗拿起一支硃笔，每报一下，她便在某张骨牌上点一下，看上去她的点法完全是乱七八糟、毫无章法的。直到湘云报完数，她的硃笔停在某一只牌上。大家把这张牌翻过来一看，哈哈，这不正是湘云暗中认定的那张牌吗？当下众人疑神疑鬼，都有点不相信。各人都来尝试一下，但屡试屡验，都惊奇得说不出话来。

其实，这6个字是按照当时所通用的繁体字的笔画来写的：作(7)法(8)急(9)病(10)現(11)報(12)。薛宝钗表面上将牌揉乱，实是按反时针方向排成圆环。在湘云报一、二、三等数目时，起初六下，她的硃笔是任意乱指的，不过故意迷惑别人而已；从第七下起，才严格按照反时针方向来进行。

不难看出，其原理与“乱指钟面猜数”是极为相似的，甚至更简单一些。

尼 姆 游 戏

下面这种游戏非常有名，以前武汉大学曾昭安先生主办的《数学通讯》曾经发表过考证文章，据说是中国的一位留学生首先搞出来的，所以又叫中国“翻摊”游戏；后来它在全世界都流行起来，被称作“尼姆”（Nim）游戏。所用道具非常简单，火柴棒、棋子、筹码、豆子、花生米……统统都行，几乎不花什么本钱。关于这种游戏，已经有一套很完善的数学理论。

○ ○ ○
○ ○ ○ ○ ○
○ ○ ○ ○ ○ ○ ○

今有 15 只棋子，分成三堆。每堆棋子的数目依次为 3，5，7 只（见左图）。由两个人来玩这种游戏，游戏规则是：每人可以从任一堆里取走棋子，每次可以任意拿走 1 只，2 只，……或者把这一堆的棋子全都拿走；但是不允许在这堆里取几只，又在那堆里取几只，也就是不允许跨堆取棋子。就这样，甲、乙两人轮流取走棋子，谁把最后的棋子全部取光，谁就是赢家。

以上便是正常状态下的游戏，但后来逐渐发生了微小的变化，也有些国家和地区反其道而行之，规定拿到最后一只棋子的算输。这样的规定称为“反意尼姆”，下面只讲前一种形式。

尽管游戏规则如此简单，但本游戏和一般的棋类游戏有着极不一样的特点，那就是，懂得原理的人是可操必胜之券的。

现在，让我们分析一下。如果甲留给乙的棋子是以下几种“成双”的模式（下图），那么，乙是必定会输的。这可从最左方的“1，1”谈起，由于乙若拿走1只棋子，甲就肯定能拿到另1只棋子（最后的棋子），甲便是赢家了。类似的分析可以推广到“2，2”，“3，3”，“4，4”，“5，5”等。很明显，它们最后是可以归结到“1，1”这种形式的。

○　○○　○○○　○○○○　○○○○○
○　○○　○○○　○○○○　○○○○○
(1,1)　(2,2)　(3,3)　(4,4)　(5,5)

再继续分析下去，我们说，“1，2，3”的形式也是甲稳可取胜的。因为，此时不论乙如何取棋子，甲总是有办法使它变成（1，1）或（2，2）的。请看下页的图解：

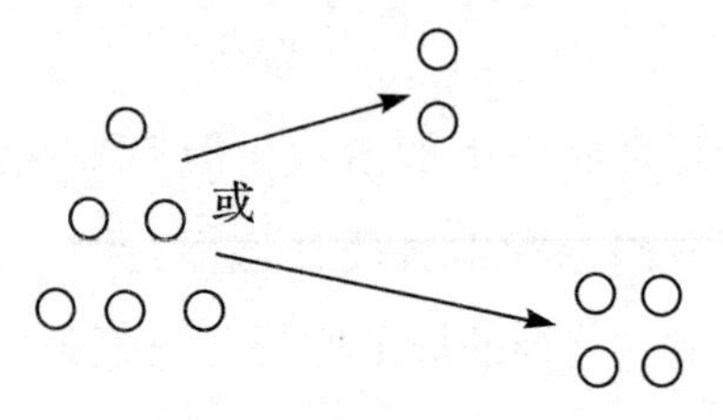

更进一步，我们可以推出“1，4，5”的形式也是甲可以取胜的。因为有办法使它变化到“1，2，3”或“成双”的模式：

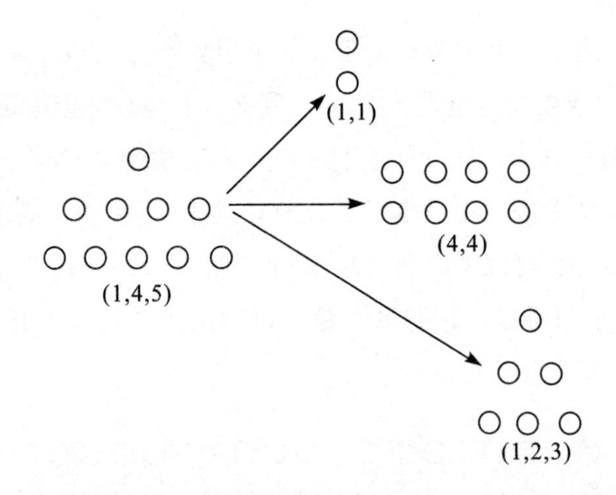

在此顺便说一下，各堆棋子数是可以任意排列的，譬如说，可以认为：(1，5，4)，(4，5，1)，(5，1，4) 等形式，同 (1，4，5) 实质上是一样的。

再进一步，甲的获胜形式将是 (2，4，6)。因为，此时不论乙如何取走棋子，甲总有办法把它变为 (2，2)，

(4, 4), (1, 2, 3) 或 (1, 4, 5) 的。请读者自己来画图分析吧。注意推理一定要严密，不存在任何漏洞。

最后，比“2, 4, 6”还要复杂些的是“2, 5, 7”，它也是一种甲的获胜形式。因为它如果演变的话，可以归结到已经分析过的几种状态。

但是，(2, 5, 7) 和开始做游戏时的 (3, 5, 7) 相比，还差一只棋子。显然，甲只要在走第一步时，从第一堆里拿走一只棋子，今后就一定能够“步步为营”地立于不败之地。所以，我们可以下结论说：对于这种 15 子的 (3, 5, 7) 棋子游戏来说，先走者必胜。(当然他一定要懂得原理，并且在具体操作过程中不犯错误。)

如果分析一下甲的获胜形式，我们将会发现一种很有趣的事，那就是每一堆的棋子数目，如果用二进位数来表示，那么各位数字之和一定都是偶数。

例如：

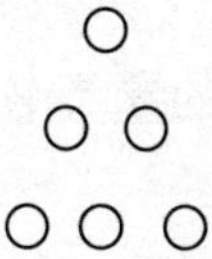

○
○ ○ → 1
○ ○ ○ 10
11 (+
22

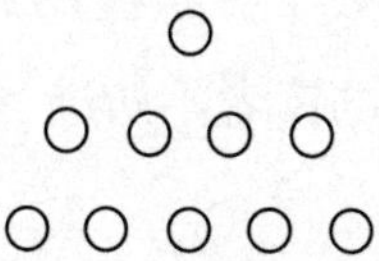

○
○ ○ ○ ○ → 1
○ ○ ○ ○ ○ 100
101 (+
202

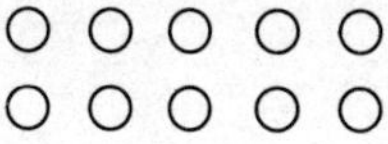

○ ○ ○ ○ ○ → 101
○ ○ ○ ○ ○ 101 (+
202

综合以上讨论，可见这几种获胜模式都是符合上述一般法则的。所以，即使棋子的堆数不止三堆，也可仿照同样的原则去计算。

譬如说，如果有四堆棋子，每堆只数分别是3，7，9和11。采用二进位记数法，把各位数字加起来将是：

$$
\begin{array}{rrrrl}
 & & 1 & 1 & \\
 & 1 & 1 & 1 & \\
1 & 0 & 0 & 1 & \\
1 & 0 & 1 & 1 & (+ \\
\hline
\mathbf{2} & \mathbf{1} & \mathbf{3} & \mathbf{4} &
\end{array}
$$

可以看出，在2134里头，每位数字并非都是偶数。因此，必须采取适当措施，使之转化为获胜模式。

显然可以看出，如果把2134变为2024，就可以符合要求了。为此，要把第二堆棋子从二进位数的111变为二进位中的1。这就是说，甲必须从第二堆棋子中取走6只，就可以得到一种必胜的局势了。

这是一个把数学方法应用到博弈活动中，并取得成功的范例。有兴趣的读者不妨进一步阅读适宜的参考书。

背后长着眼睛

有位表演戏法的人取出了一些简单的道具：24颗围棋子（下围棋时，需用的黑白棋子为数甚多，所以24颗棋子是不成问题的）和3样小东西，例如铅笔、橡皮与钥匙圈。请出甲、乙、丙3位观众。表演者给甲1颗棋子，乙2颗，丙3颗。这时，桌面上还剩下18颗棋子。

表演者对这3位观众说："把这3样小东西分别叫做A、B、C。谁拿的A，就要从棋子堆中取走与他手中所有棋子数相同的棋子；拿B的就要取走他手中所有棋子数的2倍，拿C的就要取走他手中所有棋子数的4倍。"表演者交代完毕，就走到室外去了。

3位观众就各自拿了一样小东西，并按照规定在棋子堆中取走了棋子。表演者一回来，向桌上剩下的棋子略微一瞥，马上判断出谁拿了什么东西，分毫不差。

3位观众觉得奥妙极了，简直不大相信，就请表演者再来试试。就这样，一连试了好多次，总是屡试屡验，没有一次是失败的。这时，有一名观众忽然大声叫嚷起来：“这一点不稀奇！你一定有个同党，在向你传递暗号！”

其实，表演者根本没有同党，他背后也没长眼睛；表演是绝对“光明磊落”的，无非是利用了一点简单的函数对应与排列组合知识而已。

下面我们就来揭开谜底吧。

甲、乙、丙3人拿3样东西，一共只有6种拿法，而每种拿法都与剩下来的棋子数有严格的一一对应关系：

剩下1粒棋子时，甲、乙、丙依次拿的是A、B、C（这是一种简洁的说法，意思是甲拿A，乙拿B，丙拿C；以下类似，不再一一说明了）；

剩下2粒棋子时，甲、乙、丙依次拿的是B、A、C；

剩下3粒棋子时，甲、乙、丙依次拿的是A、C、B；

剩下5粒棋子时，甲、乙、丙依次拿的是B、C、A；

剩下6粒棋子时，甲、乙、丙依次拿的是C、A、B；

剩下7粒棋子时，甲、乙、丙依次拿的是C、B、A。

容易证明，剩下的棋子不可能是4粒。如果出现这种反常情况，那就一定是谁拿错了。

如果把取棋子这个动作看做是一种函数规律的话，那么，剩下来的棋子数就是各个人拿法的一个函数。结果当然是猜起来百发百中，根本不需要同党暗通消息。

生 命 游 戏

“生命游戏”（Life Game）是近年来兴起的细胞自动机理论的一种简单、优异的实例。它是当代英国大数学家、曾任剑桥大学教授的约翰·康威所发明的，由于著名数学科普大师马丁·加德纳的推荐而迅速传播到世界各国。

为什么把游戏同生命联系起来？原来，这种游戏能够模拟自然界某些生命现象，因此引起全世界许多爱好者的兴趣。

有人认为自然界的物种有三大类：第一类处于稳定状态；第二类面临灭绝；第三类处于摇摆不定的状态。康威为本游戏所制定的规则本质上就是模拟自然界中生物的发展、演变与消亡的。

它是一种单人游戏，可以利用现成的围棋棋盘，也可以自己临时在纸上画许多方格来绘制，棋子则可用围棋子，也可用图钉、纽扣、豆子等代替，总之可以就地取材，几乎不花什么本钱。

开始时，在棋盘的格子里随便放上几颗棋子，构成一个几何图形，并加以命名，例如三叶虫、四眼鱼等，称为原始物种。构成图形的每一颗棋子，称为“细胞”。规定每个细胞有 8 个“近邻”。要注意的是，除了上、下、左、右 4 个之外，与之最接近的 4 个斜角上的细胞也算“近邻”，如图 5－1。

图 5－1

从一个状态过渡到下一个状态需要满足以下三条规则：

（1）存活——凡是只有 2 个或 3 个近邻的细胞，下一代将可继续生存。

（2）死亡——有 4 个或 4 个以上近邻的细胞，其下一代将要死亡；这是由于过分稠密，食物不足以及环境恶化而导致的死亡。另外，只有 1 个近邻或没有近邻的细胞，其下一代也将消亡——这是由于过分稀疏而导致的死亡。死亡的棋子必须立即拿出棋盘。

（3）新生——如果棋盘上有某一空白点，此刻恰有 3 个活着的细胞与之相邻，那么下一代将在这个空白点上“出生”一个新的细胞。

必须注意，做游戏时的进行顺序是，应该先看有没有新生和存活，然后再看原有的细胞是否会死亡。

规则仅此三条，看来似乎十分简单，任何人都能理解；但是照此推演，却是变化莫测的。

下面来看一个实例。由 3 颗棋子所组成的一个原始物种可以把它命名为“三叶虫”。我们来看看 3 种三叶虫的生命进行曲。

第一种三叶虫的原生态是“直角形”（图 5-2）。不难看出，右下角有一个空白点，如果这里放上一颗棋子，那么它就会有 3 个近邻。因此按照第 3 条规则，下一代将在这里“出生”一个新的细胞，成为一个由 4 颗棋子组成的新物种，不妨叫它四眼鱼。下一步再看四眼鱼，变到这种状态以后，可以发现没有任何空白格点能同 3 个活细胞相邻。另外，既没有任何细胞有 4 个或更多的近邻，也没有任何细胞只有 1 个邻居或没有邻居，因此下一代也不会有死亡的细胞。由此可见，三叶虫演变成四眼鱼后，最后处于“不生不灭”的稳定状态。

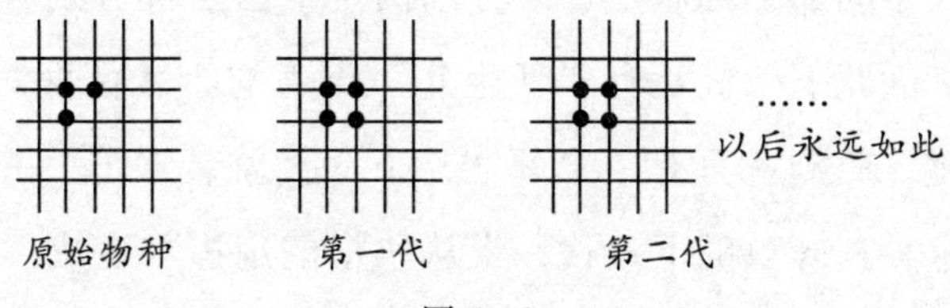

图 5-2

第二种三叶虫的原始形态是“链形”（图 5-3）。按照前面所说考虑问题的顺序，第一步，它的周围任何一个空白格点如果放上棋子，都不会有 3 个邻居，因此不可能在下一代“出生”新的细胞。第二步，中间的那个细胞现有

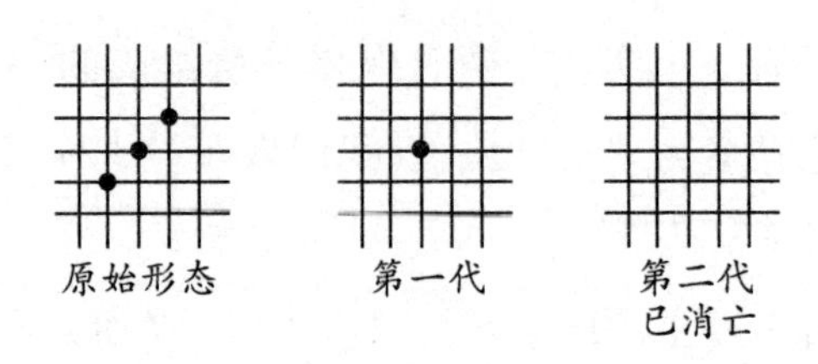

图5-3

两个近邻，它能存活；第三步，两头的两个细胞各只有一个邻居，因此，下一代将要死亡。由此可见，这种“生物”到了下一代将只剩下孤零零的一颗棋子了。它既没有新生的条件，又不能继续存活下去，最后只有死亡。所以，这种三叶虫的前景不妙，最后将会灭绝，就好像《红楼梦》里所说的“白茫茫大地真干净”。

第三种三叶虫的原生态是“扁担形”（图5-4）。不难看出，中间那个细胞上、下方的两个空白点都分别有3个邻居，因此下一代是有“新生儿”出生的。然后两头的两个细胞，此刻各只有一个邻居，下一代就衰亡了。由此可见，这种三叶虫的下一代，将从“横的扁担”变成“竖扁

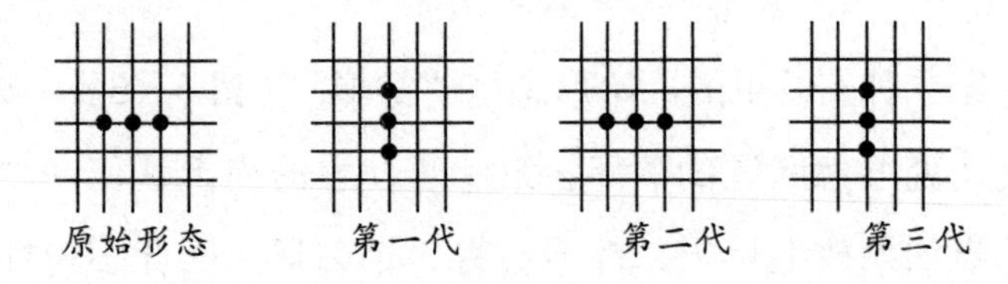

图5-4

担形”。继续进行下去的话，第二代又将恢复原状。就这样变来变去，处于摇摆不定的状态，永远如此，不会消亡。

必须说明，生命游戏其实不过是一种游戏而已，并不是说生命真是按照这种游戏规则演变。但是，这种游戏却是数学与计算机科学里的一个重要课题，玩起来也特别有趣。

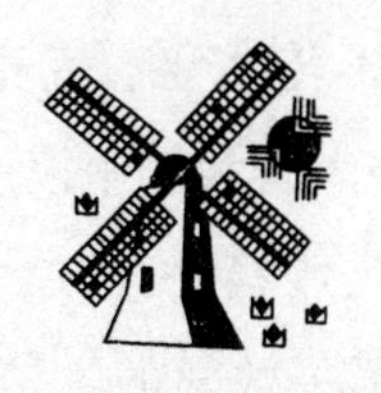

玩弄数字的奇人

人的大脑蕴含着很大的潜能，尚未得到充分开发，譬如说，有人拥有与生俱来的、惊人的速算天赋，有人则通过艰苦自学而掌握了不传之秘。究竟怎样看待这类问题，学者们意见分歧，存在着很大的争议。

有人坦率地谈了几点看法：一、不应该提倡，也不必大肆宣扬，因为毕竟不是数学的主流；二、大部分人是学不来、做不到的，道理很简单：你不可能希望人人都成为百米飞人或者跳水冠军嘛！但也有人认为，速算里头可能潜伏着某些秘密和窍门，把它们揭露出来，肯定有助于数学及其相邻学科的发展。

我国的邻邦印度曾经出过一位速算巨星沙昆塔拉。这位家境贫寒、原来文化水平也不高的妇女具有一种非凡本领，开23次方结果可以准确到个位数，速度超过计算机。消息不胫而走，许多国家都重金邀请她去当众表演，既算游戏，也算魔术。于是她挣得不少酬金，着实发了笔不大不小的财。拿印度的标准来说，也算得上一个“富婆”了。然而，当人们请教她究竟用什么秘诀才能做到这一点时，她却守口如瓶，不肯吐露半字。

英国剑桥大学的名誉教授露斯鲍尔，在其跨世纪的名著《数学集锦》中不无惋惜地说过，历史上几乎所有的速算天才都把他得来不易的独特技能居为奇货，当成不传之秘而带进了棺材，未免太可惜了。

我国已故著名数学家华罗庚先生独具慧眼，他在生前曾对沙昆塔拉的开23次方进行过一番探究。这个难题在华先生智慧炮弹的重重轰击下终于露出了一丝曙光，发现其中确实存在着一些诀窍。至于华先生所获的成果是否就是沙昆塔拉本人所掌握的办法，那当然是无法加以对证的。

另有一些研究家则认为，关键是“硬件”而非“软件”。他们猜想速算奇人的大脑机制与一般“凡夫俗子”的大不相同，具有“多通道”平行处理信息的能力。纵然他们自己愿意把这种非凡本领传授于人，别人也学不会。

上述说法是否过甚其词？这里不妨引一个有名的故事。印度天才数学家拉马努贾对数字特别敏感，近乎“条件反射”，连他的老师、数论专家哈代也望尘莫及。有一天他和哈代一起出门去，叫到一辆牌照为1729的出租汽车。哈代认为，“这可是个一点儿也没有趣味的数”。岂知拉马努贾马上反驳：“不！它有两种不同办法可表为两个数的立方

和，即

$$1729 = 1000 + 729 = 10^3 + 9^3;$$

$$1729 = 1728 + 1 = 12^3 + 1^3。”$$

别人不相信，仔细一算，果然毫厘不差，十分佩服。

正是出于这种对数字的敏感性，速算奇才们有时可以作出令人目瞪口呆的即兴表演。让我们来看一则“数字通灵术”的现场表演吧。

试问：

$$4109589041096 \times 83 = ?$$

看上去，83 是一个平淡无奇、毫无特征的“素数”。所以一般人看来，那个长达13 位的因数，用83 去乘，算起来总不会轻松的。岂知，有位速算巨星竟在不到几秒钟的时间内完成了这个乘法。听起来，这不像是神话吗？此人岂不是与能吞吃玻璃的奇人有异曲同工之妙，甚至比他更为神奇？

其实，他根本不去执行乘法，而是把3 和8 拆开来，分别放在第一个因数的前面和后面，其他数字则纹丝不动。就这样，一下子便得出乘积 341095890410968，完成了“闪电乘法”。

如果你信手写出一个数，用83 来乘，是否可以照搬这种办法呢？那当然是不行的！

速算天才的本领，就在于他与一般人不同，领悟到83 与

4109589041096乃是一对关系特殊、形影不离的“共生数”。

一枝红杏，泄露春光；共生数的露头激起了人们的极大兴趣，纷纷起来刨根寻底。经过一番探索，终于发现道理倒也并不复杂。一经点破，即使只有中学程度的人也都能理解。

如果一个n位数x与83的乘积有上述奇妙性质，那么可以通过方程来表示：

$$83x=3\underbrace{00\cdots0}_{n\text{个零}}8+10x,$$

移项以后，即可化简为

$$73x=3\underbrace{00\cdots0}_{n\text{个零}}8。$$

这就是说，如果73能够整除一个以3打头，以8结尾，中间夹着一系列零的数，那么这个商数就是符合条件的x。

让我们通过竖式除法来算算：

```
          4 1 0 9 6
       ┌──────────────
  7 3  │3 0 0   …   8
        2 9 2
       ─────────
          8 0
          7 3
         ─────────
            7 0 0
            6 5 7
           ─────────
              4 3 8
              4 3 8
             ═════════
```

所以 41096 就是符合条件、可以做游戏的一个候补对象。

接着再往下讲，道理就隐晦而深刻得多。在做除法时，如果我们偶尔疏忽，没有及时把末位的 8 用上，那么除法是否没完没了地一直做下去？也不见得！

这是由于$\frac{1}{73}$是一个循环节只有 8 位的循环小数，所以当初如果一时大意而错过了除尽的时机，那么你也不要担心，顶多再除 8 位，机会就会再次出现！

就这样，我们得到了与 83 配对共生的第二个候补对象 4109589041096。它就是题目一开始就出现的、长达 13 位的天文数字。

到此地步，也许你已经明白，只要在前面不断添加一节 41095890 的 8 位数，最后加上永恒的尾巴 41096，就能得出位数越来越多、无穷无尽的“共生数”。

人们当然会提出问题，除了 83 之外，是否还有别的两位数也具有如此这般一前一后、“闪电乘法”的性质呢？

答案是：当然有啊，所用方法与本文所说的大致差不多。读者们不妨自己去搜索一番，做起游戏来才会格外有趣。

独立钻石棋

独立钻石棋是一种最好的单人游戏，其中含有很深刻的数学原理。据说是200多年前法国巴士底监狱单人牢房里的一个囚徒发明的。很快，它就成了与世隔绝的巴士底监狱里许多囚犯与看管他们的狱卒所共享的“娱乐品”了。法国大革命时期，监狱被起来暴动的群众所攻破，法国国王路易十六与王后也被押上了“断头台”。这一智力玩具突破藩篱破门而出以后，不久就传遍了欧洲各国，并逐步推广到全世界。

该棋的棋盘呈对称十字形，共有33个孔，都编好了号；每个孔上置放一颗棋子，一般在正中心留空。美、英、法等国有好多家玩具厂以不同的商标名称在市场上出售这种大受欢迎的智力玩具。

有些棋盘上布置着小洞，以便将一个个柱形棋子插来插去；也有些棋盘上则有许多浅浅的半圆形小坑，以便将玻璃珠移来移去。当然，小城镇或农村读者也可以自己动手做棋盘，用粉笔头、豆子、硬币或现成的围棋棋子来玩，成本是非常低廉的。

至于棋盘上格子的编号，可以各用各的，但最好还是统一。至于编号方法，经典的规定是采用一组二位数，如下图。其中的第一个数字表明此格在哪一列（从左到右），而第二个数字则表明此格在哪一行（自下而上）。

		37	47	57		
		36	46	56		
15	25	35	45	55	65	75
14	24	34	44	54	64	74
13	23	33	43	53	63	73
		32	42	52		
		31	41	51		

独立钻石棋的常用棋盘

游戏的玩法极其简单，不需要有人教，任何人都可以“无师自通”。先在棋盘上除正中心那一格外统统摆满棋子，然后再设计一套跳法，以便吃掉所有的棋子，而最后只剩下一粒。所谓“跳”一次，就是要让某一颗棋子跳过另一颗棋子而停在一个空格里，被跳过的棋子就说是被“吃”掉了，必须立即拿出棋盘。还规定：棋子只能上下、左右跳，不允许沿着对角线斜跳。每一步都得跳，如果到了无棋可跳时，就只好停下来。一连吃掉好几颗棋子，也只算走一步。迄今为止，最好的纪录是一口气连跳吃掉9子。

游戏目的是要使棋盘上留下来的棋子越少越好。如果最后只剩一子，而且正好位于棋盘正中心的第44号洞孔上，那就是最好的结果。此种局势称为“独立（粒）钻石”。之所以把这种游戏取上这一名称，是因为人们喜爱“金鸡独立”，视为祥瑞之故。

由于“独立钻石”游戏具有相当深刻的数学内涵，连微积分的发明者、德国大数学家莱布尼茨都很着迷。200多年来，这个游戏吸引了成千上万个爱好者，出版过各种小册子，纪录也不断刷新。上海电视台《科技之窗》节目中也曾公开“悬赏”过，奖品是自行车一辆。

如果开始时摆满了棋子，只有棋盘正中心的44格留空，而最后剩下的棋子又正好位于44格，那么，最少的走法要走18步。世界纪录保持者布荷特的走法如下：

46—44，65—45，57—55，54—56，52—54，

73—53，43—63，75—73—53，35—55，15—35，

23—43—63—65—45—25，37—57—55—53，

31—33，34—32，51—31—33，13—15—35，

36—34—52—54—34，24—44。

上海某工厂的一位女工万萍萍通过独立钻研，也发明了一种18步的解法，从而平了世界纪录，那辆自行车也被她得去。

亨利 · 戴维斯先生却找到了一个只有 15 步的走法。但开始时第 55 格必须留空，而最后一颗棋子也必须放在第 55 格。

他的跳法如下：

57—55，54—56，52—54，73—53，43—63，

37—57—55—53，35—55，15—35，23—43—45—25，

13—15—35，31—33，36—56—54—52—32，

75—73—53，65—63—43—23—25—45，

51—31—33—35—55。

正方形棋盘上的跳棋游戏

美国学者诺布尔·卡尔逊先生提了一个极有趣的问题：正方形棋盘上有没有类似的“独立钻石”问题？也就是说，在正方形棋盘上一开始也摆满了棋子，只在角上留出一个空格，以便启动，一切跳法规则都完全一样，最后也只剩下一颗棋子放在角上。

查罗希等学者作出了证明，正方形棋盘的格数，每一边都必须是3的倍数才行；然而“九宫格”（3×3棋盘）是无解的。于是人们非常看好“六六大顺”的6×6棋盘。

卡尔逊本人就找出了一个29步的跳法，但这个结果不太令人满意。后来，罗宾·迈尔森先生致函数学科普大师马丁·加德纳，证明6×6正方形棋盘上的单人跳棋游戏至少要走16步（连吃几颗棋子只算一步）。如下页图，第一步是跳3－1，或者与之等价的对称跳法。走了这一步之后，4个角上全都有了棋子。然而，角落上的棋子是不可能被吃掉的，所以它们都必须主动走开。这四步“走开”的棋，再加上第一步共5步肯定是必不可少的。

1	2 ○	3 ○	4 ○	5 ○	6 ○
7 ○	8 ○	9 ○	10 ○	11 ○	12 ○
13 ○	14 ○	15 ○	16 ○	17 ○	18 ○
19 ○	20 ○	21 ○	22 ○	23 ○	24 ○
25 ○	26 ○	27 ○	28 ○	29 ○	30 ○
31 ○	32 ○	33 ○	34 ○	35 ○	36 ○

正方形棋盘上的单人跳棋

再考虑棋盘外缘，不在角上而处于边上的棋子，若有两子相连，那就无法同时被跳过而吃掉，所以其中之一必须先走开。因此，左右两侧及底边至少要有两颗棋子先跳开，才能打开所有相连的棋子。但最上面的一边只要再跳开一颗就行了，这样又需要7步。

接着再来考虑位于棋盘中央的16颗棋子。可以看出，相聚成团（例如8，9，14，15）的棋子不可能被吃掉，所以其中之一必须先行跳开。这类“抱成一团”的棋子共有4组，所以一定要再走4步才行。

综上所述，一共需要5+7+4=16步才能达到目的。迈尔森先生虽然给出了很出色的、“顿悟”性质的证明，但他的跳法还是需要18步，与最优解存在着距离。

可喜的是，人们梦寐以求的16步解法还是由约翰·哈利斯先生想出来了，并且毫无保留地告诉了马丁·加德纳先生。可惜由于译者本身不懂这种游戏，在把它引进到中国时，产生了两处重大的错误，现在已由我把它完全更正。下面给出了具体的跳法：

13—1，9—7，21—9，33—21，25—13—15—27，

31—33—21—19，29—27，16—28，24—22，18—16，

6—18，36—24—12，3—15—17，35—33—21—23，

4—16—18—6—4，1—3—5—17—29—27—25—13—1。

最后一步的连跳令人印象最深刻，一口气把剩下来的8颗棋子“一扫而光”，而使硕果仅存的那颗棋子返归“原位”（见下图）。

对物理、化学都有很深造诣的戈尔登先生也对本游戏有极大贡献。他从化学里的“可逆反应”得到启示，发现了本游戏的内在规律：如果一个局势从某个空格开始“启动”，而最后一颗棋子又停留在这一空格上，那么，以相反的方向重新跳一遍也将得到同样的终局。

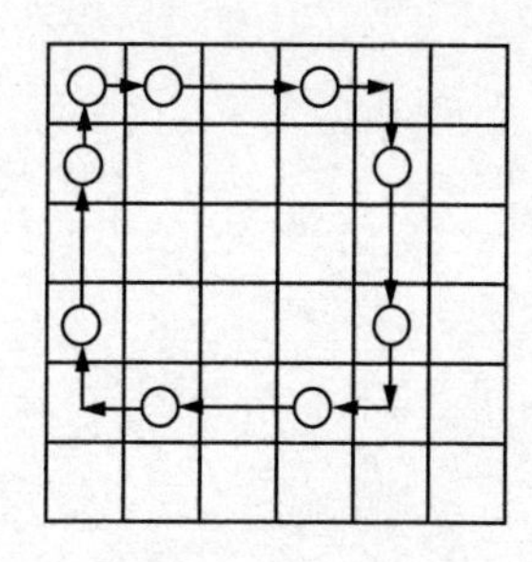

最后一步的连跳

哈利斯先生所得出的16步最优解，其“可逆反应”的全程记录如下：

13—1，25—13，27—25，29—27，17—29，5—17，3—5，1—3，6—4，18—6，16—18，4—16，21—23，

33—21， 35—33， 15—17， 3—15， 24—12， 36—24，
6—18—16，24—22，16—28，29—27，21—19，33—21，
31—33，15—27，13—15，25—13，33—21—9—7，13—1。

尽管步数多达31步，但人们已被“可逆反应”完全吸引住了；至于步数的多少，那就不必再去计较了！

戏说颠倒

浙江的经济发展得很快，已走到全国的前列。尽管浙江在全国各个省区中，面积较小，但仍有十万多平方千米，抵得上好几个欧洲小国。浙江的大多数地方，迄今我还没有到过，今后恐怕更无机会了。

但小时候在杭州求学期间，有两个县却给我留下了极深刻的印象，一个是观潮胜地海宁，另一个则是距它不远的宁海。它们名称中的两个汉字正好互相颠倒！此种现象，在外国地名中恐怕是绝无仅有的，也许这正是汉字的一种本质特征吧！

后来长大了，发现这种现象竟非个别。譬如说，大名鼎鼎的西安与安西（在甘肃省西部）也是这样的一对。我在上海工作与生活了几十年，上海有几千条马路，其名称大多取自全国各城市。譬如说，曲阳路以及附近的曲阳新村、曲阳公园，曹家渡家乐福大超市所在的武宁路。这些路名都赫赫有名，不仅上海人，连地处长三角的许多外地人都知道。

我发现，曲阳与武宁这两个地名，颠倒之后，其地名居然真是实际存在的县名，请看：

{曲阳（河北）　　{武宁（江西）
{阳曲（山西）　　{宁武（山西）

1982年5月，我同我国著名数学家王梓坤教授在北戴河开会，住在东山鸽子窝一带。其时我了解到王先生是江西吉安人，把“吉安”两字一颠倒，便成了安吉。哈！那又是浙江的一个名县，而且还出过近代的一位大名人，号称诗、书、画三绝的大篆刻家吴昌硕。

我国有2000多个县，类似这样的“对子”为数不少，我已发现了不少例子。为了节省篇幅，不打算一一列举，姑且再说下面两个：

{子长（陕西）
{长子（山西）

{丰南（河北，在唐山附近）
{南丰（江西，该地特产南丰贡橘极其有名）

做这种游戏是很有意思的，大体说来有以下几点：

（1）各种书刊上几乎都没有提到过，有创新性。大家都认为，有新意的东西当然是最富有趣味与魅力的；

（2）充实地理知识，有助于增加对我国辽阔领土的认识，增进对祖国河山的热爱；

（3）找到颠倒地名的对子，这自然不是一桩轻而易举之事。试问：你能在地图上瞎找一通地把它“挖掘”出来？这就不得不利用电脑的信息存储与检索功能，或者查阅相关的书籍了。所以，它实际上是一种各种知识、能力兼而有之的、很好的游戏。

中国历代都有书法大家，例如晋朝的王羲之，唐朝的颜（真卿）、柳（公权）等，宋朝的苏（东坡）、黄（庭坚）、米（芾）、蔡（襄），元朝的赵孟頫，明朝的祝枝山、文征明；清朝更多，有所谓成（亲王）、铁（保）、翁（方纲）、刘（墉），郑板桥的“六分半书”等；近代的大书法家则有于右任、沈尹默、沙孟海以及不久前去世的启功先生，真是史不绝书，无法一一列举。

不少书法爱好者知道汉字里有“颠倒十三太保”的说法。原来，有13个常用字，把它们上下颠倒过来看，仍然是一个合法的汉字，有些甚至同原来的字一模一样。这13个字就是：

一，十，中，田，王，由，甲，口，日，士，干，非，車。

其形状完全是对称的。当然，如果你把“車”字写成简体字“车”，一颠倒，别人就不认得这是什么字了！

由此联想到现在全世界通用的阿拉伯数字，其中可分为三类：

第一类是上下颠倒以后保持原状的，它们是：

0，1，8。

第二类是上下颠倒过后相互转换的，例如：

6 变为 9，9 变为 6。

第三类是颠倒之后，面目全非的，例如：

2，3，4，5，7。

有人为此而挖空心思，编出了趣题。为了测试你的智力，不妨请你来尝试一下：

（1）请在下面的 12 个数目中圈出 6 个，使其总和等于 21：

1　1　1
3　3　3
5　5　5
9　9　9

（2）一只篮子里头有半打以上的蛋，既有白蛋，又有黄蛋，前者 x 个，后者 y 个。把 x 和 y 相加，再上下颠倒去读，所得之数正好是 x 和 y 的乘积。请问篮子里共有多少只蛋？

你也许觉得不大好对付，是吗？其实，解起来很容易，现在给出答案：

①把纸头倒过来，圈三个 6 和三个 1，总和就等于 21 了。

②篮子里有 9 只白蛋，9 只黄蛋，$9+9=18$，倒过来看

就是 81，而 81 = 9 × 9。

游戏专家的脑子非常灵活，真像是“无轨电车”一样。他们的思路一转，忽然又转到公历的年份上去。1881 年是一个对称性特别丰富的年份，顺读和逆读是完全一样的。不仅如此，上下颠倒过来看，依旧保持不变。1961 年也具有这种奇妙性质，再下面就要等到公元 6009 年了。美国有个名叫约翰·波麦洛的人作了个统计，从公元元年到公元 10000 年，具有此种性质的年份只有 38 个。后来，有人还为此写了一篇论文，发表在著名的专业杂志《数学公报》上。

上下颠倒同光学错觉往往纠缠在一起。许多天文学家都知道月球最好从照片上来观察。这样，太阳光从上面照下去，将月球上的火山口显出来。如果光线从物体的下面照上来，人们就会看不惯——火山口似乎变成了浮起来的平台，那当然是背离了事实。

请看右图。此图虽小，却很“经典”，被人引用不下上千次，大家却还是乐此不疲。人们问道：切下来的蛋糕在哪里？

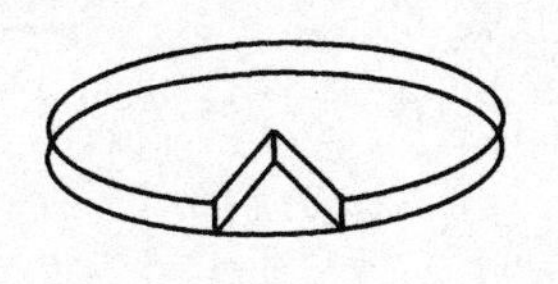

欲知去向，你只要把这幅图颠倒过来看，切下来的那一小块不是明明放在盘子里吗？然而，且慢！你不要高兴得太早，那块大的倒反而不见了！

许多画家对颠倒头像也十分倾心，常有名作问世。下图是一个愁眉苦脸的汉子，大概是碰到了什么揪心的事情而化解不开吧。但你别替他着急，只要把图形颠倒过来一看，这家伙又变得眉开眼笑，心花怒放了。

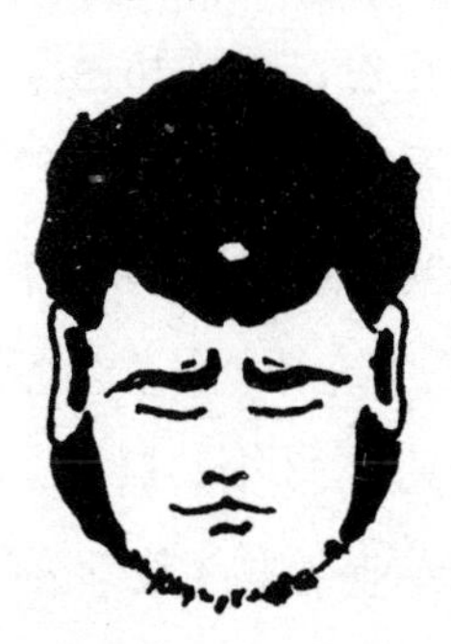

与颠倒图形相比，转成直角的风景或动物插图更难构思。下图就是一帧名作，叫做“鸭变兔”。转过 90°以后，鸭子就变成了一只直立的兔子。

哑巴吃黄连的老板

尽管是家小店，很不起眼，但选料精致，烹调入味，京、广、川、扬各帮菜肴也都应有尽有，因此，店里的生意做得很是红火。老板也乐得每天喜笑颜开，合不拢嘴。

一天傍晚，店里进来了一伙士兵。但见他们衣衫不整，骂骂咧咧，总数21人，为首的是一位少尉排长，也不知道究竟是哪位“大帅”的部下。老板一见，哪里敢怠慢？忙着招呼他们坐下，递上茶水，绞热毛巾，摆好碗筷，忙得不亦乐乎。当时的上海，号称“冒险家的乐园”，苏州河以南是英租界与法租界，属于洋人的天下，但南市、闸北与虹口却是北洋军阀手下淞沪护军使的地盘。

伙计和店小二们在大堂里沿着墙壁分别摆下桌子，一共摆了4张。老板显得特别好客和热情，请官兵们分别就座：每张长桌坐7人，其中有准尉、上士、中士、下士、一等兵、二等兵和列兵。老板自己朝南坐，如下页图。宾主坐定以后，马上开始大嚼。

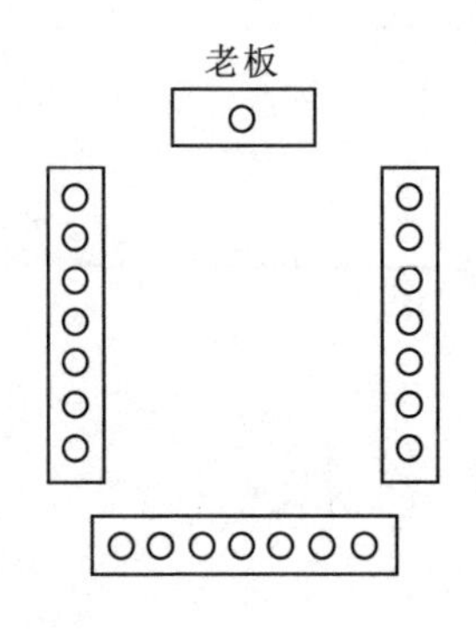

酒过三巡之后，排长向老板建议：四海之内皆兄弟也，要以梁山泊好汉为榜样，大块吃肉，大碗喝酒。弟兄们有的是钱，不是来吃白食的。至于谁来买单呢？不妨采取下面别出心裁的办法。现场共有22人，表面上看分坐4张桌子，实际上不分彼此，等于大家坐在一张变相的圆桌上。从我（排长）开始，按顺时针方向点数，每数到第7人，就叫他出局。照此办法执行下去，周而复始，直到剩下最后一人时，就由他来买单，付钱结账。老板一听，办法挺新鲜，心想：他们共有21人，而我只有1人，绝对轮不到我来买单。于是立即表态，欣然同意。

眼看席上的人数越来越少了，老板睁大着眼睛，神经极度紧张，生怕点数出了差错。然而，作弊的事倒是绝对没有。

奇怪的是，最后剩下来的人竟然就是老板自己！其他人早已脚底抹油，扬长而去矣。于是，老板只好哑巴吃黄连，眼泪往自己肚里咽了。

现在要问你，那个狡猾的少尉排长，开始时应坐在什么位置上，才会出现如此奥妙的结局？

这类问题在数学上很有名，解法也不少，有深有浅。

下面介绍一种最简便易懂的“图上作业法”，用实验方法来解决问题。把四张长桌子改成一张圆台面，但问题的实质丝毫没有改变——也就是数学家们津津乐道的所谓“拓扑变换”。

从1开始，按顺时针方向点数，每数到第7人，就叫他出局。如下图，不难看出，出局的人，其先后顺序将是：

7,14,21,6,15,1,10,19,8,18,9,22,13,5,3,2,4,12,20,11,16。

最后剩下者是17。

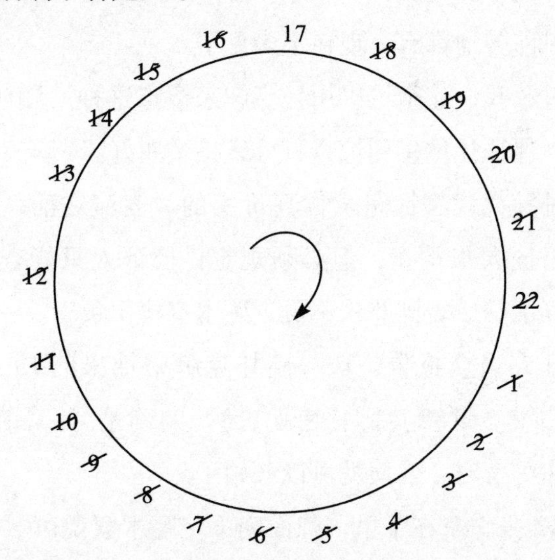

由此可见，排长应该坐在东面长桌（面朝西方）的第6个位置上。这家伙显然工于心计，而且是胸有成竹的。可怜的老板中计了，被他们吃了一顿白食。

鬼使神差

某小学的一个教室里，老师正在点名。喊到张三，张三起立，说了声“到”；叫到李四，李四回答“有”。这种镜头，以前各地都有，现在不多见了。

不过，我们完全可以用扑克牌来模拟这种“随叫随到”的现象，保证让你感到惊奇万分，拍手叫好。

这种扑克戏法是完全货真价实的。表演之前，可以先请一位公证人来检查，但必须规定：公证人只能查看，不准动手弄乱牌。否则戏法不灵，魔术家概不负责。

公证人当众报告，从一副扑克牌中抽出的13张“黑桃”（当然，改用其他花色也行），的确是“一团乱麻”，毫无规律可言时，表演就可以开始了。

把13张牌拿在手里，牌面朝下。魔术家说声“1”，随即翻开第一张牌，果然是张黑桃A，当即把它放在桌上，以后躺在那里永远不动。这表示，“爱司”已经前来报到过了。

继续报数，但见魔术家喊声“1”，他一面喊，一面把这张牌放到这一叠纸牌的下面。接着喊“2”，喊声刚毕，随即把牌翻开来“示众”，竟然是黑桃2。大家十分惊奇。

接着，他又重复进行操作。还是老办法，喊“1，2，3”，前两张牌传到这叠牌的下面，翻开第三张牌放在桌上。众目睽睽之下，那张“亮相”的牌真的是黑桃3。

以后他继续这样做下去，口中念念有词，“1，2，3，…，n”地叫，喊到n时，n就来报到。冥冥之中似有定数，各种号码的纸牌依次前来报到，这不是“鬼使神差”吗？

到了最后阶段，魔术家手中只剩下寥寥三张牌Q（12点）、J（11点）、K（13点）时，规律却一如既往——真是按照既定方针办事，毫无差错。

表面混沌，实质有序，这戏法的精彩和引人魅力也许就在这里。众所周知，孩子们学习算术是从扳指头计数开始的，所以它也有助于学龄儿童的直观教学。

当然，为了进行表演，扑克牌的排列顺序是需要事先精心设计的。纸牌从上到下，必须按照以下的顺序：

K，6，7，4，9，J，Q，3，10，5，2，8，A。

然后把它翻过来，使牌面朝下。许多人认为，这种巧妙设计需要花上许多时间去实验，并经历一错再错、反复修正以后才能排出。其实不然，它是有窍门的，用“时间反演”算法能化繁为简地解决这个问题。

美国著名的数学科普大师马丁·加德纳先生对这个游戏也极为钟情。他曾说过这样的话："许多研究这类计数戏法的魔术师，确实花费了大量时间才找到了化繁为简的窍门。"

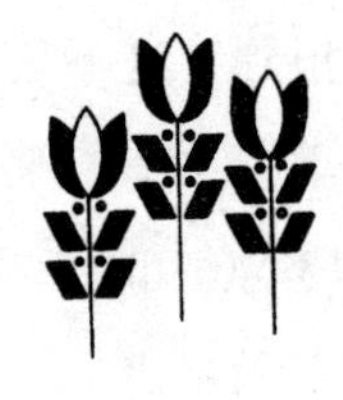

当不成八仙之首

“八仙过海，各显神通”是经常挂在人们嘴边的习惯用语。总而言之，“八仙”是我国民间喜闻乐见的神话传说。除了“明八仙”，还有“暗八仙”，西安市郊甚至还有个“八仙庵”的地名。那里有点像上海的静安寺，人来人往，非常热闹。

吕洞宾是“八仙”中的头号活跃分子。不过，由于他风流成性，道心不纯，一些老成持重的仙家元老有心要排挤他，使他当不成八仙之首。他们又是怎样采用貌似公正的办法来达到这一不可告人的目的的呢？下文自有分解。

话说“僧道斗法”的故事流传已久。“道”的一方似乎总是法力不够，经常落于下风。传说有一天，汉钟离、韩湘子、张果老、铁拐李、吕洞宾、蓝采和、何仙姑和曹国舅八位仙人一道去瑶池，祝贺西王母百万岁大寿。王母娘娘彬彬有礼地接待了他们，正要让他们在一张八仙桌旁坐下时，有一桩事情却使她十分为难。原来，按礼节她应该让“八仙之首”先入席，但谁是八仙之首呢？玉皇香案吏（相当于玉皇大帝的“人事科长”）十分了解这位娘娘的难处，想出了一个非常公平合理的办法。他对八位仙人说：“我对你们各位一视同仁，不存丝毫偏见，由我来安排你们的座位，再合适不过了。请你们先排好一个圆圈，我请王母娘娘同时来掷两颗骰子。看看一共掷出几点，就按这个点数，从第一个人开始数起，依次数到这个点数时，这个人就必须退出圈子。就这样周而复始，最后留下谁，谁就是八仙之首，让他先入席。”

大家一听，欣然同意。王母娘娘也点点头，觉得这确是一个好办法。

老成持重的葛仙翁却认为吕洞宾这个人道心不纯，有不少缺点，不能让他当上八仙之首，便在王母娘娘耳边嘀咕了一番。

王母娘娘笑道：“老仙翁放心。骰子掷出的点数纯属偶然，他只有$\frac{1}{8}$的机会，未必能当得上八仙的头头。究竟如何，要看他自己的造化了。”

葛仙翁摇摇头说：“不行，我非要把他绝对排除不可，要使他无论如何当不上八仙之首。”

王母娘娘听了这个反面意见，觉得非常难办——因为话已出口，收不回了。怎么办呢？倒是葛仙翁说：“现在还来得及想个补救办法，反正他们之间的位置均由香案吏安排。待我告诉他，把吕洞宾安排在某个位置上，且从某个位置开始按顺时针方向计数时，不管两颗骰子掷出之和是几点，他总当不成八仙的头儿。”

王母娘娘和香案吏听后大喜，一致赞成。当即依计行事，果然使踌躇满志的纯阳仙人没有当成八仙之首。

现在要请大家想想看，玉皇香案吏究竟把吕洞宾安排在什么位置?

吕洞宾被安排在右图中的位置 B 上，点数则从 A 开始，按顺时针方向进行。奇妙的是，在 B 这个位置上，不管两颗骰子一共掷出几点，吕洞宾总要被排除在外，当不上八仙的头儿。

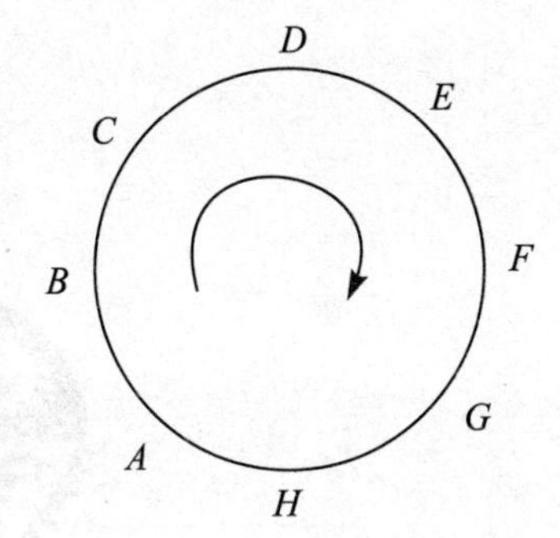

谁都知道，两颗骰子的点数之和可以是 2，3，4，…，11，12，共有 11 种可能性。现在不妨请大家自己来实验一番，按照掷出骰子的某个和数，列出各位神仙被淘汰的先后顺序。

譬如说，点数之和为 3 时，淘汰顺序为：$CFAEBHD$。最后留下的是 G，即让坐在 G 位置上的那一位仙人当八仙之首。

奇妙的是，你将发现，不论骰子掷出几点，坐在 A、C、

D、E、F、G、H 位置上的仙人都有可能最后留下，唯独 B 位置上的仙人一定会被中途淘汰，绝不可能最后留下。在这种意义下，如果说 B 位置是“最倒霉”的位置，也并不算说了过头话。

由此可见，这则民间传说蕴藏着深刻的寓意。偶然之中有必然，这其实是个运筹问题。研究战胜偶然性的对策，以便稳操胜券，这在“对策论”中是一个新课题，必须引起运筹学家们的密切注意。

7 的擂台赛

所谓“打擂台”，实际上就是比赛的一种特殊形式。许多武侠小说名家把它写得如火如荼，以此吸引了大量读者。

可是，“打擂台”这种形式，在数学的历史发展上，确曾起过不小的作用。

在文艺复兴时期，意大利出了不少第一流的数学家。不过，那时的数学家对于自己的“绝技”，往往藏而不露。然而消息总会泄漏，于是，“花香招蝶来”，各路英雄好汉都会闻讯而来，既有“拜师”者，也有“偷拳”人。

当时的数学高手们大都文人相轻，互不服气，喜欢互相比本领，如同武林高手一样，一定要分个高下。比武的办法一般是两人对阵，每人各出若干道题目让对方去解答，多者算赢。这就非常像中国绿林好汉的“打擂台”了。失败者脸上无光，学生们脚底抹油，不告而别；胜利者却是红光满面，弟子增多，钱袋鼓起。

其时出了一位数学高手，原名丰塔纳（Fontana）。12

岁那年，丰塔纳被入侵的法国兵砍伤头部，引起口吃，从此说话结结巴巴，人们就给他一个绰号“塔尔塔利亚”，意思是“口吃者”。他出身贫寒，勤奋刻苦，终于自学成才，声名鹊起。

塔尔塔利亚宣布自己找到了三次方程的解法。有人听了不服气，认为他吹牛，要求公开较量。公元1535年，当时一位名叫菲奥尔的数学家上门挑战。擂台摆在著名的水城威尼斯，两人各向对方提30个问题。比赛结果，塔尔塔利亚在两小时内解决了菲奥尔所提出的全部问题，而菲奥尔却解不出塔尔塔利亚所提的任何问题。于是，塔尔塔利亚大获全胜，菲奥尔以惨败告终。

现在倒也有个“七巧数组”游戏，可以用“擂台赛”的形式来进行。参赛者可以是一对一，也可以是二对二（主攻手，副攻手；也可以采取男女混合双打的方式），甚至是集体对抗（例如每组5或10人，分成两组对垒），时间也可长可短，主要由所出题目的多少来定。

大家都知道，不论东西方，全都公认7是一个非常重要的自然数。我国古代有“北斗七星”，“曹子建七步成章”，晋朝有“竹林七贤”，明朝的文人学者更有“前七子”和“后七子”，智力玩具中有大名鼎鼎的“七巧板”。在西方，7的重要程度也丝毫不亚于东方，每星期有七天，“猫有七条命”乃至那首脍炙人口的数学长诗（今有七个老太婆，一道动身去罗马……），等等，有关典故简直多得无法一一列举。

尽管没有三次方程那样复杂、难解，但是7的整除性仍是极其令人关注的。它同2，3，4，5，6，8，9，10，11，12等不一样，迄今为止，任何国家都没有把7的整除性纳入教学大纲中，因而教材里自然不会有这种内容了。

前几年，美国纽约一位医生里昂斯先生，声称他已发明了一种简单而有效的测试法，可以轻而易举地一举解决多位数能否被7整除的问题；如果除不尽的话，可以立即给出余数。可惜，他的方法其实是站不住脚的（以上有关材料，请参看2006年第二期《自然》上由我所撰写的论文。此文写得深入浅出，一般人都能看懂）。这位先生虽然与韩国的黄禹锡不同，并非存心造假；但他的结果只是瞎猫碰到死老鼠，纯属偶然巧合而已。

今以三位或四位数为例，对我所创造的方法加以简单说明。事实表明，任何人都可以一学就会，真的执行起来，并不比其他整除性判别法困难多少。另外还有一个突出的优点：如果该数不能被7整除，那么，用这种方法可以立即给出它的余数。

例如要判别一个四位数1225能否被7除尽时，可以先把它分为前后两段（中间用一条短的竖线隔开，也可以不用，心照不宣，自己掌握）：

$$12 \mid 25,$$

然后把前段的 12 “翻一番”，加到后段上去，便得到

$$12 \times 2 + 25 = 24 + 25 = 49。$$

由于 49 能被 7 除尽，所以我们马上可以肯定原先的四位数 1225 一定也能被 7 整除。

你不妨换别的数试试，保证绝对正确。

有了这些准备之后，下面就可以正式进行单打、混合双打或集体比赛了。

事先准备好一只口袋，里面放入 1，2，3，4，5，6，7，8，9 这 9 个不同数字。然后由蒙上眼睛的公证人从中摸出 4 个数字，这就算第一题了。连摸几次，可多可少，但一般不宜超过 10 题，免得比赛时间太长。

把 4 个数字任意颠倒，共有 24 个不同的数。不妨就拿 1，2，3，4 为例，其中只有

3241，4123，4312

共 3 个可以被 7 除尽。然而对另外的 4 个数 1，3，4，8 来说，24 个组合中，却只有两个了，它们是 1834 与 8134；剩下来的 22 个统统不行。

谁能又快又准地说出这些结果，谁就是胜者。由此可见，就像下围棋、打乒乓球一样，谁胜谁负，完全取决于技艺的高下。而且，这种比赛方式完全是客观、公允和合理的。

令鬼神肃然起敬的公式

批评某人笨得不可救药时，经常会说：“他老是犯常识性的错误。”

那么，如果时时刻刻遵循常识的教导，难道就不会犯错误了？

只怕未必。想到这里，脑子里立刻浮现起几十年前看过的一本法国人写的趣味数学书。尽管时间已过去数十年之久，书中的精彩内容依旧历历在目。下面让我从书中择其精华之一，与读者分享。首先我们从三角形的面积谈起。

随便挑出3个正数，如果任意两数之和大于第三数，那么这3个正数就可作为一个三角形的边长。一旦给出了边长，那么三角形的形状和大小就完全确定了，从而也确定了它的面积。

接着，该书不慌不忙、用游戏笔墨提出了两个趣味问题，并要求大家尽量不要去计算，完全通过自己的直觉和常识说出答案。

第一个问题。今有两个三角形，三角形 A 的边长是 5，5，6，三角形 B 的边长是 5，5，8。请问：它们的面积相等不相等？（做这则游戏时，回答时间限定为 30 秒。）

大多数人刚一听完问题，马上就回答：既然三角形的面积是由其三边之长来决定的，现在两条边对应相等，而第三边存在着很大差异，那么，面积当然百分之百不相等啰！

亮出答案了：三角形 A 和三角形 B 的面积居然是完全相等的！

根据著名的海龙——秦九韶公式（前者是古希腊数学家，后者是我国宋朝的学者。两人各自独立地研究出了这个重要公式。当然，那本由法国人所写的书是绝不会写出秦九韶的名字，但我们自己切切不要忘记咱们祖先的重大成就）：

$$S_{\text{三角形的面积}} = \sqrt{p(p-a)(p-b)(p-c)},$$

其中 $p=\frac{1}{2}(a+b+c)$，称为半周长。

不难算出

$$S_1 = \sqrt{8\times3\times3\times2} = \sqrt{144} = 12,$$

$$S_2 = \sqrt{9\times4\times4\times1} = \sqrt{144} = 12,$$

$$\therefore \quad S_1 = S_2。$$

答案公布后，场内一片混乱！大家七嘴八舌，都觉得想不通、不理解。

终于有个小男孩站了起来："道理再明显不过了！你们也不想想：把三边之长为3，4，5的两个直角三角形拼在一起，一种拼法是沿着边长为3的直角边去拼合，而另一种则是沿着边长为4的直角边去拼合；一个竖放，一个横放，当然面积相等啰，不相等才怪呢！"众人一听，顿时恍然大悟。

第二个问题：A三角形的三边之长是13，37，40，B三角形的三边之长是15，41，52，请在一分钟内作出正确的选择：

（1）A的面积大于B的面积；

（2）B的面积大于A的面积；

（3）A的面积同B的面积相等。

题目意思再明白不过了。由于受到刚才第一题的暗示和诱导，场内大约有$\frac{1}{4}$的观众把答案猜为（3）；但大部分观众根据自己牢不可破的常识来推理：既然A三角形的三条边长全部都对应小于B三角形的三边（13 < 15，37 < 41，40 < 52），那还用说？当然正确答案应该是（2）啰。即使是上帝或鬼神，也是这样判断的呀。

主持人公布答案了，正确答案竟然是（1）。顿时，场内就像刚烧开的沸水。大家根本不相信，难道上帝或鬼神也会犯常识性错误吗？

主持人冷冷地说："21 岁时因爱情而死于决斗的天才数学家伽罗华说过一句名言：你们可以不相信上帝，但是不能不相信数学！我还是要祭起我那个唯一的法宝——海龙—秦九韶公式来计算一下。"接着主持人在黑板上写出：

边长为 13，37，40 的三角形，半周长 $p_1 = 45$，则

$$S_1 = \sqrt{45 \times 32 \times 8 \times 5} = \sqrt{57600} = 240;$$

边长为 15，41，52 的三角形，半周长 $p_2 = 54$，则

$$S_2 = \sqrt{54 \times 39 \times 13 \times 2} = \sqrt{54756} = 234。$$

岂不是 S_1 比 S_2 反而要大一些吗?

这就叫人想不通了。边长较小的三角形，面积反而较大，怎么会这样呢?

主持人于是建议大家，不妨把图形画出来看看。当然要用严格的"圆规—直尺作图法"，按正确比例来绘制。最后发现，三边较长的那个三角形，矮而胖，横向虽然较长，然而高度太小，于是高与底边的乘积较小，结果造成了边长大、面积反而小的怪现象。

这种怪事是不是极为罕见的呢? 事实表明决非如此。我们不妨把三角形的三边之长改为 14，40，50；此时的半周长 $p = 52$，相应的三角形面积：

$$S_3 = \sqrt{52 \times 38 \times 12 \times 2} = \sqrt{47424} \approx 217.77;$$

S_3 仍然比 S_1 要小。

我们切勿忘记，三角形的边长可以是任何小数，甚至无理数。譬如说，我们又可改取三边之长为14.5，40.6，51.9，此时算出来的三角形面积将是：

$$S_4=\sqrt{53.5\times39\times12.9\times1.6}=\sqrt{43065.36}\approx207.5219,$$

S_4 仍旧要比 S_1 小。

由此可见，上面的咄咄怪事并不是凤毛麟角，它一点也不稀罕，而是有无穷多的。这个结论，也许大家连做梦也想不到吧！

最后，这位法国人在故事的结尾说了一句意味深长的话：

它（指海龙—秦九韶公式）真是一个令鬼神肃然起敬的公式啊！

写到这里，我也想题诗一首，作为全文之“跋”。

诗云：

数理深夺造化工，天神犹自恨未通。

火箭卫星何足道，世界有尽数无穷。

挑花线游戏

上古时期，在文字尚未出现的年代里，初民就利用绳子打上结头来记录重大事件，所以《易经》上有“上古结绳而治”的话。

在宋朝人留下的《东京梦华录》与《都城纪胜》里，我们可以看到，在当时繁华程度堪称全世界数一数二的东京开封府与“金粉第一州”的杭州市上，出现了娱弄绳带的手艺人。他们心灵手巧，变出的绳带戏法变化多端，令人如入山阴道上，目不暇接。

绳带游戏大体可以分成三大门类：

第一类是用绳子打成各种结的办法，例如活络结、蟠龙结、旋绕结、羊脚结、蜻蜓结、螺钉结、金锁结、十字扣等。有关的理论探讨称为“结论”，是拓扑学中的一个重要分支，其数学内涵非常深奥，一般人是很难理解的。

第二类是套在手上或器具上的解带游戏，例如剪刀脱绳、巧取垂环、妙解纽扣、锁钥分家、铁锚和救生圈等。其效果犹如魔术表演，让大家看得目瞪口呆，忘乎所以。

第三类是挑花线游戏。美国哥伦比亚大学的一位人类学教授曾对它进行过专题研究，认为它的重要性在于其普适性与提示人类文化演进的线索。事实上，北美洲的印第安部落、澳洲、新西兰等地的土著居民都会玩这种把戏，当然我国古人更是其中的佼佼者。祖传孙，母传女，不通过文字记载，一代代地流传下来。数学科普大师马丁·加德纳先生对它极为叹服，称之为“潇洒的拓扑学”。

要熟练掌握这类游戏并不简单，既要动脑，又要动手。每一个花样都有一定的程序，还要手指动作十分协调才能成功。经常翻来转去，既能锻炼大脑的记忆力，又可训练手指的灵活性。常做这种游戏，无疑会加强与增进空间想象与立体造型能力。难怪剑桥大学教授露斯鲍尔先生要在他的跨世纪名著《数学集锦》中，列出专章来介绍这类挑花线游戏了。

由于篇幅所限，我们只选录一则“四格梯子”（国外名叫“约可比的梯子”）游戏以飨读者。为了便于模仿，已将图形适当放大，并作了简要说明。

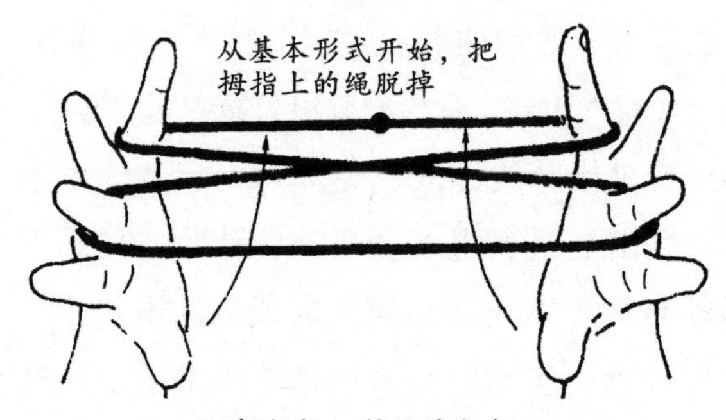

1. 拇指按→所示的方向，

将带●处的绳挑出来

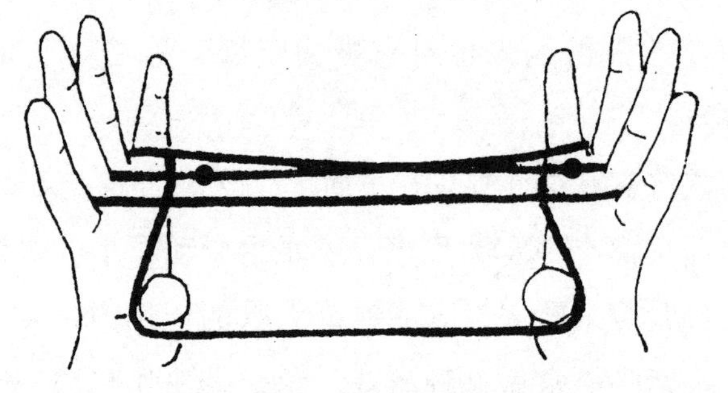

2. 再用拇指挑带●处的绳

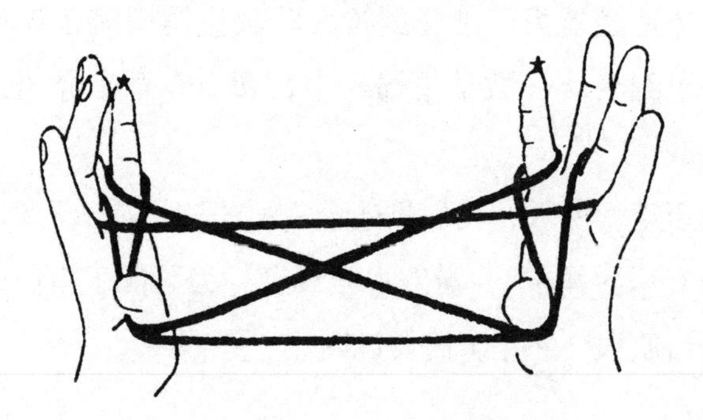

3. 把小指上的绳脱掉

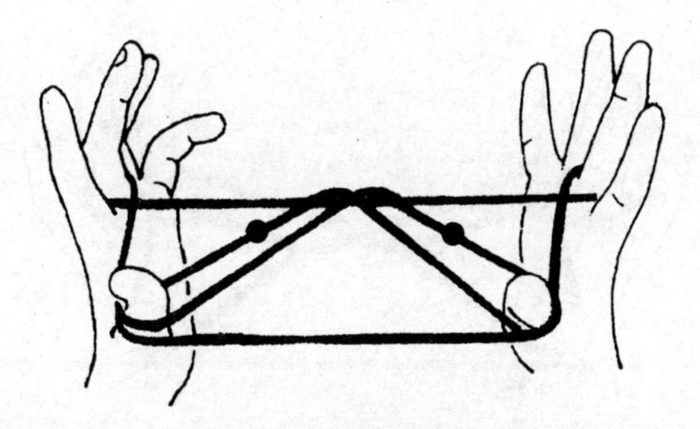

4. 用小指挑带●处的绳

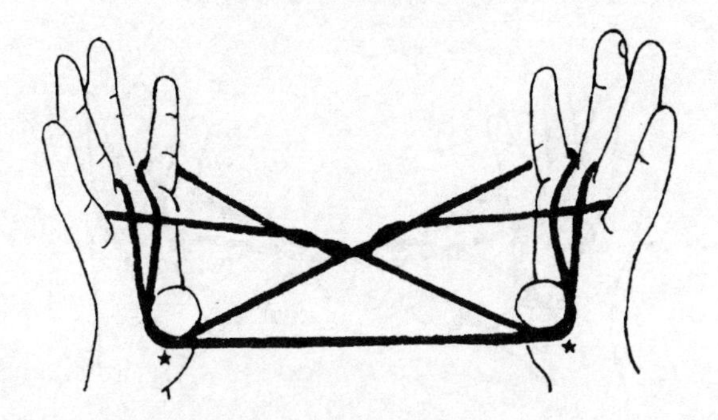

5. 把拇指上的绳脱掉

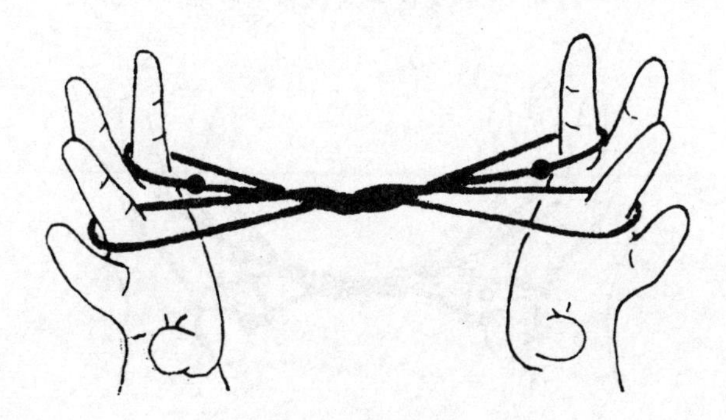

6. 用拇指挑带●处的绳

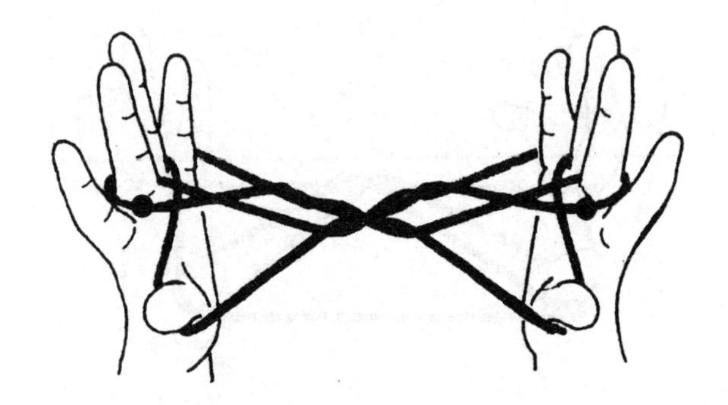

7. 再用拇指挑带●处的绳

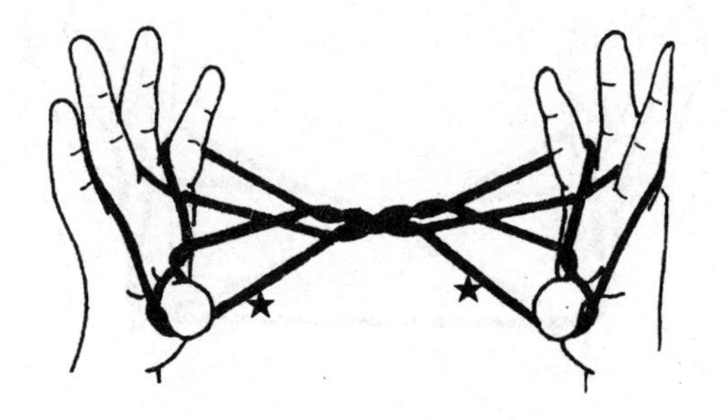

8. 把带★的绳从拇指上脱掉

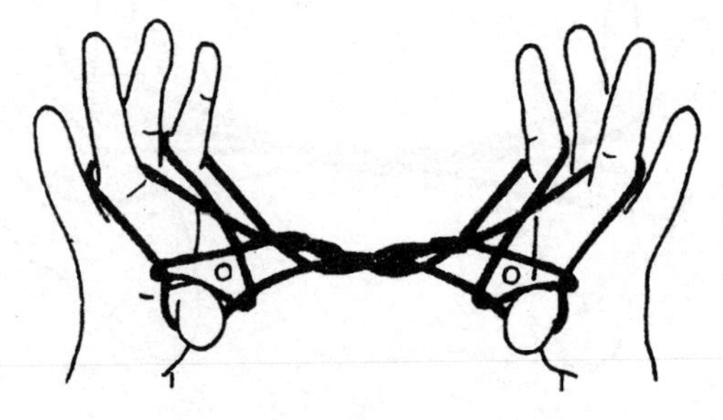

9. 把中指插入○处

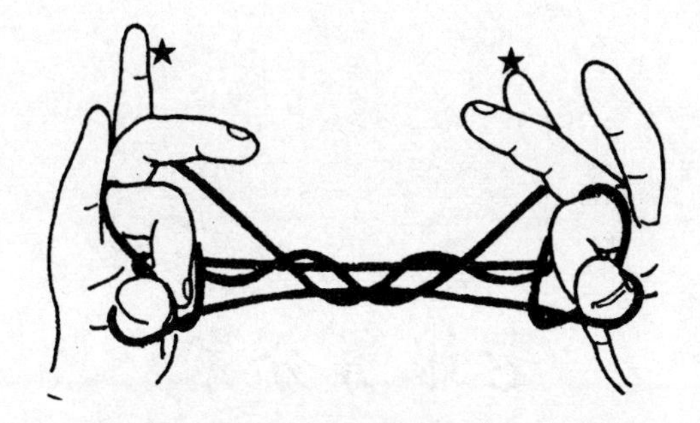

10. 把小指上的绳脱掉后双手翻转向前

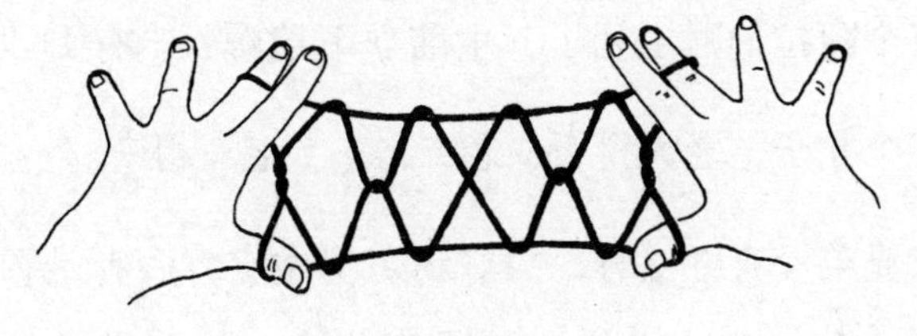

11. “四格梯子”

老娘舅分家

有个阿拉伯财主死了，生前立下遗嘱：“有 11 匹好马留给三个儿子，老大得$\frac{1}{2}$，老二得$\frac{1}{4}$，老三得$\frac{1}{6}$。”

三兄弟没有办法分，只好请舅舅做主。后者足智多谋，远近闻名。他二话没说，就把自己的一匹千里马牵了来，与姐夫的 11 匹马加在一起，凑成 12 匹。这样一来就好分了：老大 6 匹，老二 3 匹，老三 2 匹，三个儿子正好把老父留下的 11 匹马分完，舅舅的千里马仍旧物归原主。儿子们请舅舅吃饭，坐在庆功宴的首席。

又有法国的一个守财奴，死后要把 13 粒价值连城的钻石留给三位千金：大姐应得$\frac{1}{2}$，二姐应得$\frac{1}{3}$，三妹应得$\frac{1}{4}$。由于 13 是个奇数，而钻石若被切割必将大大贬值，没法分配，只得请教舅舅。舅父一听，就说：“好吧！我替你们做主，先拿掉 1 粒钻石作为我的‘劳务费’吧。”三姐妹欣然同意，剩下12粒，当然好分得很。按照规定比例，大姐拿走6粒，二姐拿走4粒，三妹应该拿3粒。可是台面上只剩下2粒了，老三一看就哭鼻子。这时舅舅说："这样吧，我的劳务费不要了，仍旧还给你！"于是老三破涕为笑。大家拿出钱来，在大酒店设宴招待舅舅，尽欢而散。

为什么两个民族的两位老娘舅做法如此不同呢？不难看出，关键在于儿子们的分配比的和$\frac{1}{2}+\frac{1}{4}+\frac{1}{6}=\frac{11}{12}<1$，而女儿们的分配比的和$\frac{1}{2}+\frac{1}{3}+\frac{1}{4}=\frac{13}{12}>1$。都是以12作为中间数，一个稍大些，一个稍小些，都不是1。

我们知道，马和钻石是不能分割的，但土地则不然。假定老头子的遗产不是马而是11亩土地，那就不必劳舅舅的大驾了。

大儿子第一次就可以分到

$$11\times\frac{1}{2}=5.5\text{（亩）};$$

老二分到

$$11\times\frac{1}{4}=2.75\text{（亩）};$$

老三分到

$$11\times\frac{1}{6}\approx1.83\text{（亩）}。$$

当然，11 亩田并不能正好分光，还剩下$\frac{11}{12}$亩。

按比例再分，大儿子在第二次又能分到$\frac{11}{12}\times\frac{1}{2}=\frac{11}{24}$（亩），老二、老三也都各有所获。可是仍未分完，还剩下$\frac{11}{144}$亩土地待分配。

第三次分过以后，老大又能分到$\frac{11}{144}\times\frac{1}{2}=\frac{11}{288}$（亩），老二、老三也各有所获，最后仍然剩下少量土地要待分配。就这样一直分下去，直到最后微乎其微，连一只脚指头都容纳不下时，就可以忽略不计了。

不难算出，老大能分到的田亩数为：

$$\frac{11}{2}+\frac{11}{2\times12}+\frac{11}{2\times12\times12}+\frac{11}{2\times12\times12\times12}+\cdots$$

$$=\frac{11}{2}\left(1+\frac{1}{12}+\frac{1}{12^2}+\frac{1}{12^3}+\frac{1}{12^4}+\cdots\right),$$

括弧里头是一个无穷递降等比数列，根据求和公式可以算出，它的极限是

$$\frac{1}{1-\frac{1}{12}}=1\div\frac{11}{12}=\frac{12}{11},$$

所以老大能分到的最终田亩数为：

$$\frac{11}{2}\times\frac{12}{11}=6。$$

类似地，可以算出老二能分到 3 亩，老三能分到 2 亩。你看，这些数目竟同老娘舅建议的分法不谋而合！

这就是用“极限”的观点来看待分割遗产这个问题。你们看，数学多么有趣啊！

从尾到头做除法

世界上总是会有第一个敢于吃螃蟹的人。这一吃，他就觉得天下美食概莫能比，从此便一发而不可收了。

千百年来，大凡人们习惯做的事，其改也难。前几年，我曾听到一则市井流传的故事：上海有个曲艺演员，流落到了国外。其人虽然有点小名气，但从来没有大红大紫过。文化程度本就不高，年纪又已五十多岁了。异乡客地，举目无亲，日子当然很难过。

有一天，他忽然福至心灵，想出了一个别出心裁的怪招数：当众表演背诵英文字母，别人都是 *ABCD* 地背下去，他却是 *ZYXW* 倒着从屁股背到头上，背得滚瓜烂熟。于是全场轰动，掌声如雷。他的名气也一天天大起来，到处有人请他表演。从此他就在该国立定了脚跟，薄有积蓄，不愁衣食了。

其实，从 *ZYXW* 逆序背到 *DCBA*，这件事本来就不难，只要稍加训练，并反复练习，任何人都能做到。总而言之，可以用一句话来形容："不怕做不到，就怕想不到。"

毋庸多言，至少从中世纪的文艺复兴以后，不论东方人还是西方人，做起除法来总是从左往右地顺序进行，几乎从来没有人想到过要反其道而行之。

然而，在不少情况下，从尾到头做除法，不但可行而且还具有"百发百中"、无须试除等优点。但需要事先保证，这个除法一定是能够除得尽的，也就是整除无余。

号称"万物之灵"的人类，从古以来就有逆推回溯的思想。为什么现代人喜欢追溯江河的源头？侦破谋杀案其实也是执果为因，运用逻辑推理手法，步步为营，一环紧扣一环，直至最后真相大白。

逆序做除法的胚胎，早已根植在"九九表"中。我国古代，人死了要"做七"，祭祀仪式相当隆重，"一七得七，二七十四"，直至"七七四十九"。如果你是个有心人，那么你会惊奇地发现：在7的倍数与乘积的末位数之间，存在着极其良好的"一一对应"性：

乘数	1	2	3	4	5	6	7	8	9	0
积的末位数	7	4	1	8	5	2	9	6	3	0

不仅如此，在1，3，9等情况下，倍数与乘积的末位数字之间依然能够维持良好的一一对应性。它们是：错不了，漏不掉；一个萝卜一个坑，一个螺丝一个帽；认准尾数来

定商，箭无虚发跑不了。

下面举例来说明：除数可以是一位数、二位数，甚至多位数；除数的末位数，一般应该是1，3，7，9（末位为5时，“一一对应”性不复存在，这是由十进位的本质决定的）。为了进行“宽紧对比”，我们把常规除法也一道写出来：

$$2258276 \div 347 = 6508$$

```
        6508
347/2258276             2258276 |347
    2082                        |-----
    -------                2776 |6508
     1762              ---------
     1735               2555
    -------             1735
       2776             -------
       2776             2082
    =======             2082
                        =======
```

从左往右的除法　　从右做到左的除法
（常规除法）　　（扣准目标，百发百中）

通过对比，不难看出，从屁股做到头的除法，优点是很明显的，根本无须试除；算式更短，书写格式可以简化。

常言道：“自古华山一条路。”只要一位数可行，多位数当然是同样的道理，照样也可行，其本质是一种逆向的数学归纳法。

最后，让我用“有话在先”来点题：

请君大胆往前走，莫回头；

一百二十个放心，无需瞻前顾后。

有个前提是：

一定要除尽，才能用此法；

如果除不尽，办法不灵莫怪我。

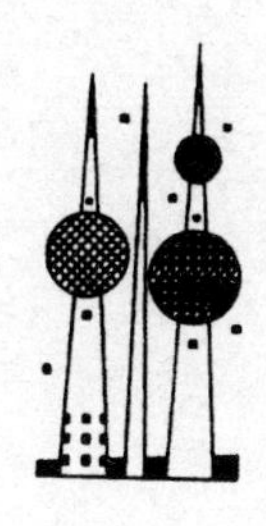